"十四五"职业教育国家规划教材

"十三五"职业教育国家规划教材

"十三五"职业院校工业机器人专业新形态规划教材

工业机器人三维建模

（微课视频版）

主　编　吴　芬　张一心
副主编　张建国　王　辉
参　编　朱红娟　王晓峰

机械工业出版社

本书是"十三五"职业院校工业机器人专业新形态规划教材之一，主要内容包括：机械 CAD/CAM 简介、典型零件建模、工业机器人本体设计、典型部件装配体、工程图创建、工业机器人零部件运动仿真。本书突出 SolidWorks 2021 软件知识和工业机器人及相关设备零部件实例相结合，由浅入深、循序渐进地讲解从基础零件建模到复杂部件装配、零件与装配体生成工程图等，实例紧密联系工业机器人应用系统设备，具有较强的专业性和实用性。本书配套资源丰富，配有电子课件、微课视频、源文件等。

本书可作为职业院校工业机器人相关专业的教材，也可供具有一定 SolidWorks 软件应用技能的人员参考，还可作为职业技能培训用书。

图书在版编目（CIP）数据

工业机器人三维建模：微课视频版/吴芬，张一心主编 . —北京：机械工业出版社，2018.1（2025.1 重印）

"十三五"职业院校工业机器人专业新形态规划教材

ISBN 978-7-111-58854-2

Ⅰ.①工⋯ Ⅱ.①吴⋯ ②张⋯ Ⅲ.①工业机器人-设计-职业教育-教材 Ⅳ.①TP242.2

中国版本图书馆 CIP 数据核字（2018）第 011777 号

机械工业出版社（北京市百万庄大街 22 号 邮政编码 100037）

策划编辑：陈玉芝 责任编辑：陈玉芝

责任校对：郑 婕 封面设计：张 静

天津嘉恒印务有限公司印刷

2025 年 1 月第 1 版第 11 次印刷

187mm×260mm · 15 印张 · 402 千字

标准书号：ISBN 978-7-111-58854-2

定价：39.90 元

电话服务 网络服务

客服电话：010-88361066 机 工 官 网：www.cmpbook.com

　　　　　010-88379833 机 工 官 博：weibo.com/cmp1952

　　　　　010-68326294 金 书 网：www.golden-book.com

封底无防伪标均为盗版 机工教育服务网：www.cmpedu.com

关于"十四五"职业教育
国家规划教材的出版说明

为贯彻落实《中共中央关于认真学习宣传贯彻党的二十大精神的决定》《习近平新时代中国特色社会主义思想进课程教材指南》《职业院校教材管理办法》等文件精神，机械工业出版社与教材编写团队一道，认真执行思政内容进教材、进课堂、进头脑要求，尊重教育规律，遵循学科特点，对教材内容进行了更新，着力落实以下要求：

1. 提升教材铸魂育人功能，培育、践行社会主义核心价值观，教育引导学生树立共产主义远大理想和中国特色社会主义共同理想，坚定"四个自信"，厚植爱国主义情怀，把爱国情、强国志、报国行自觉融入建设社会主义现代化强国、实现中华民族伟大复兴的奋斗之中。同时，弘扬中华优秀传统文化，深入开展宪法法治教育。

2. 注重科学思维方法训练和科学伦理教育，培养学生探索未知、追求真理、勇攀科学高峰的责任感和使命感；强化学生工程伦理教育，培养学生精益求精的大国工匠精神，激发学生科技报国的家国情怀和使命担当。加快构建中国特色哲学社会科学学科体系、学术体系、话语体系。帮助学生了解相关专业和行业领域的国家战略、法律法规和相关政策，引导学生深入社会实践、关注现实问题，培育学生经世济民、诚信服务、德法兼修的职业素养。

3. 教育引导学生深刻理解并自觉实践各行业的职业精神、职业规范，增强职业责任感，培养遵纪守法、爱岗敬业、无私奉献、诚实守信、公道办事、开拓创新的职业品格和行为习惯。

在此基础上，及时更新教材知识内容，体现产业发展的新技术、新工艺、新规范、新标准。加强教材数字化建设，丰富配套资源，形成可听、可视、可练、可互动的融媒体教材。

教材建设需要各方的共同努力，也欢迎相关教材使用院校的师生及时反馈意见和建议，我们将认真组织力量进行研究，在后续重印及再版时吸纳改进，不断推动高质量教材出版。

机械工业出版社

前　言

为落实《国家中长期教育改革和发展规划纲要（2010—2020 年）》和教育部、人社部关于职业教育教材建设的有关文件精神，推动我国职业教育机械行业相关专业工学结合教育教学改革创新，培养行业企业急需的复合性技术性人才，机械工业职业技能鉴定指导中心职教分中心、机械工业出版社组织相关职业院校、企业及行业专家共同编写了"'十三五'职业院校工业机器人专业新形态规划教材"，本书是该系列教材之一。

"中国制造 2025"顶层设计中，"一条主线"是指以数字化、网络化、智能化制造为主线。CAD 软件作为制造业软件的核心工具之一，已经渗透到制造型企业研发设计和生产经营管理等众多环节。智能制造对 CAD 软件产业的发展提出了更高的要求和期待。制造型企业信息化系统主要有：ERP、PLM、CRM、SCM、MES、HCM 等。企业对 CAD 软件的应用已从单纯提升设计效率上升到注重设计效率与企业信息化管理兼顾的更高层次。

在设计软件应用领域，三维建模已逐渐取代二维绘图成为机械设计师的主要设计工具。企业对掌握三维建模技巧和机电工程专业知识人才的需求越来越大。SolidWorks 软件是当前设计制造领域流行的一款三维设计软件，其应用涉及汽车制造、机器人、数控机床、通用机械、航空航天、生物医药及高性能医疗器械、电气工程等众多领域。

本书以 SolidWorks 软件为载体，以五自由度工业机器人机械本体设计为主线，共设计了六个部分内容。全书采用"图解"风格，多图表少文字，主要内容包括草图绘制、零件建模、装配体设计、工程图、运动分析等。全书由浅入深、循序渐进地讲解了 SolidWorks 软件从基础零件建模到复杂部件装配、典型零件与装配体生成工程图、机械零部件运动仿真，教学实例有液压千斤顶、工业机器人、啮合齿轮组等，具有较强的专业性和实用性。通过本书的学习与训练，读者将对机械设计基础、工业机器人机械结构等专业知识有更清晰的了解，对SolidWorks 软件操作技能有较好的掌握与提高。

本书配套资源丰富，扫描书中二维码可以观看相应微课视频。登录 www.cmpedu.com，可下载本书配套电子课件、源文件、建模拓展资料及连杆滑块建模实例资源等。扫描封底二维码，可观看语音版微课视频。

本书由南京机电职业技术学院自动化工程系教师吴芬、南京德特信息技术有限公司技术部经理张一心任主编，吴芬负责全书统稿，并承担书中 2.3、2.4、4.1、4.2、4.3、5.1、5.2节内容的编写工作，张一心承担 1.2、1.3、6.1、6.2、6.3 节内容的编写工作，张建国承担3.2、3.3、5.3 节内容的编写工作，王辉承担 3.1 节内容的编写工作，王晓峰承担 3.4 节内容的编写工作，朱红娟承担 1.1、2.1、2.2、2.5 节内容的编写工作。

由于时间仓促，书中难免存在疏漏和不足之处，恳请读者和专家批评指正。

编　者

目　录

第 1 章

机械CAD/CAM简介

课前导读

1.1　工业机器人与机械 CAD

根据国家标准，工业机器人被定义为："自动控制的、可重复编程、多用途的操作机，可对 3 个或 3 个以上轴进行编程。它可以是固定式或移动式的。在工业自动化中使用。"其中操作机被定义为："用来抓取和（或）移动物体，由一系列互相铰接或相对滑动的构件所组成的多自由度机器。"所以工业机器人可以认为是一种模拟手臂、手腕和手功能的机械电子装置，它可以把任一物体或工具按空间位置姿态的要求进行移动，从而完成某一工件生产的作业要求。目前，工业机器人主要应用在汽车制造、机械制造、电子器件、集成电路和塑料加工等较大规模生产企业。

由工业机器人的定义可知，工业机器人与机械有必然的内在联系。从一定意义上说，计算机技术开创了机械科技的新时代。例如，计算机辅助设计 CAD（Computer Aided Design）、计算机辅助制造 CAM（Computer Aided Manufacturing）、计算机辅助工程 CAE（Computer Aided Engineering）、计算机辅助工艺规划 CAPP（Computer Aided Process Planning）、数控编程 NCP（Numerical Control Programming）、计算机辅助生产管理 CAPM（Computer Aided Production Management）、生产活动控制 PAC（Production Activity Control）等。其中，CAPP 和 NCP 属于 CAM 范畴。

CAD 是 CAE、CAM 和 PDM（Product Data Management，产品数据管理）的基础。在 CAE 中无论单个零件，还是整机的有限元分析及机构的运动分析，都需要 CAD 为其造型、装配；在 CAM 中，需要 CAD 进行曲面设计、复杂零件造型和模具设计；而 PDM 则需要 CAD 产品装配后的关系及所有零件的明细（材料、件数、重量等）。在 CAD 中，对零件及部件所做的任何改变，都会在 CAE、CAM 和 PDM 中有所反应。目前市场上常用的三维 CAD 软件有 Pro/E、SolidWorks、UG 等，不同软件各有侧重的应用领域。通常认为，Pro/E 更擅长工艺产品造型设计，在曲面设计上有较大优势；SolidWorks 更擅长机械结构设计；UG 在模具设计中有较多应用。各高等院校开设三维 CAD 课程，也是根据专业进行选择，工业设计等专业多选择 Pro/E 软件；机电一体化、工业机器人等专业多选择 SolidWorks 软件；模具设计与制造、数控技术等专业，三维 CAD 课程多选择 UG 软件。

1.2　SolidWorks 2021 软件的安装与启动

本节学习要点：

◇ 熟悉 Windows 界面。

◇ 熟悉 SolidWorks 用户界面。

◇ 启动 SolidWorks。

◇ 退出 SolidWorks。

1.2.1 软件安装及系统配置

用户在安装 SolidWorks 2021 软件之前，最好将低版本 SolidWorks 环境下生成的文件，包括零件、装配体和工程图文件进行备份，因为低版本 SolidWorks 无法打开高版本的 SolidWorks 中保存过的文件。

1. 系统需求

操作系统：仅限 64 位系统，支持 Windows 10。

硬盘空间：10GB 或更大的硬盘空间。

显卡：推荐经过 SolidWorks 认证的显卡和驱动程序。

处理器：Inter 或 AMD，支持 64 位操作系统，3.3GHz 或更高。

安装介质：DVD 驱动器或 Internet 连接（正版用户可以使用 Internet 进行自动下载安装文件和更新补丁包，无须 DVD 驱动器）。

2. 软件配置

Internet Explorer：IE10、IE11。

Excel 和 Word：2010、2013、2016（2016 SP3）。

更多有关系统要求，请访问以下 SolidWorks 网站：

系统要求：http：//www. solidworks. com/sw/support/SystemRequirements. html；图形卡要求：http：//www. solidworks. com/sw/support/videocardtesting. html。

3. SolidWorks 2021 软件安装过程

（1）将 SolidWorks 2021 软件安装光盘插入计算机光驱中，或将两张 DVD 光盘上的安装文件复制到本地硬盘文件夹中，双击"setup"安装程序，将弹出图 1-1 所示的安装主程序界面。

图1-1 安装主程序界面

（2）选择"单机安装（此计算机上）"，单击"下一步"按钮，填入安装文件附带的序列号（可以是一个或多个），如图 1-2 所示。

图 1-2　序列号的填写

（3）序列号填写完毕后，单击"下一步"按钮，SolidWorks 安装程序会自动连接序列号服务器来检查序列号的合法性，如图 1-3 所示。

图 1-3　序列号合法性检查

（4）如果用户的计算机不能连接到 Internet，也可以跳过该步（单击"取消"按钮），如图 1-4 所示。

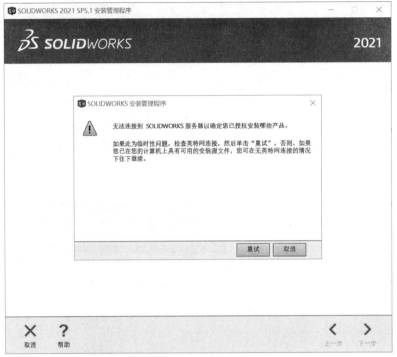

图 1-4 计算机不能连接到 **Internet** 时的操作

（5）勾选"我接受 SOLIDWORKS 条款"，然后单击"现在安装"按钮，如图 1-5a 所示，跳出图 1-5b 所示页面，单击"确定"。

a)

b)

图 1-5 确认安装

（6）程序安装时间从几分钟到十几分钟不等，视计算机系统而定，安装界面如图 1-6 所示。

图 1-6　安装界面

（7）程序安装结束，弹出如图 1-7 所示的安装完成界面。单击"完成"按钮，SolidWorks 软件安装管理程序将会退出，并自动打开 SolidWorks 2021 新增功能的 PDF 文件。

图 1-7　安装完成界面

1.2.2 软件启动与退出

1. 启动 SolidWorks 2021

单击"开始"按钮,依次单击"所有程序"→"SOLIDWORKS 2021"→"SOLIDWORKS 2021 x64 Edition"选项或者双击软件安装时默认在桌面生成的快捷方式,如图1-8所示。

2. 新建文档

在 SolidWorks 2021 的窗口中,单击菜单栏中"新建"(Ctrl + N),新建 SolidWorks 文件对话框会弹出,如图1-9所示。

a) 程序　　　　b) 快捷方式

图1-8 启动 SolidWorks 2021

图1-9 新建文档

选择零件、装配体或工程图中的一个图标,单击"确定"按钮,进入零件、装配体或工程图相应的绘制界面。

3. 退出 SolidWorks 2021

单击"文件"→"退出"按钮,或者单击 SolidWorks 软件右上角的"×"符号。

1.3 SolidWorks 2021 软件应用基础

本节学习要点:
◇ 打开 SolidWorks 文件。
◇ 修改 SolidWorks 文件。
◇ 保存 SolidWorks 文件。
◇ 了解 SolidWorks 窗口分布及调整。
◇ 熟悉 CommandManager 命令管理器。
◇ 掌握鼠标的使用。

SolidWorks 是一个基于特征、参数化、实体建模的设计工具,该软件采用 Windows 图形界面,易于学习和使用。设计师使用 SolidWorks 能快速地按照其设计思想绘制草图,创建全相关的三维实体模型和制作详细的工程图。

1.3.1 基本概念和术语

一、基本概念

1. 原点

原点显示为两个蓝色箭头,代表模型的(0,0,0)坐标。当进入草图状态时,草图原点显示为红色，代表草图的（0，0，0）坐标。设计人员可以为模型原点添加尺寸和集合关系，但是草图原点不能更改。

2. 基准面

基准面是平的构造几何体。读者可以使用基准面来添加 2D 草图、三维模型的剖视图和拔模特征的中性面等。

3. 轴

轴是用于生成模型、特征或阵列的直线。读者可以使用多种方法来生成轴，比如使用两个交叉的基准面生成轴，另外 SolidWorks 软件默认在圆柱体或圆柱孔和圆锥面的中心生成临时轴。

4. 平面

平面是帮助定义模型的形状或曲面形状的边界。例如，长方体有 6 个面，球体只有 1 个面，面是模型或曲面上可以选择的区域。

5. 边线

边线是两个或更多个面相交并且连接在一起的位置。在绘制草图和标注尺寸时经常使用边线来约束模型。

6. 顶点

顶点是两条或更多条边线相交时的点。

三维视图的几个基本概念如图 1-10 所示。

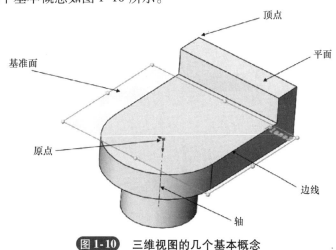

图 1-10　三维视图的几个基本概念

二、常用术语

1. 草图

SolidWorks 软件中，草图是指由直线、圆弧等图形元素构成的基本形状。

通常，草图有 3 种状态，分别是欠定义、完全定义和过定义，如图 1-11 所示。

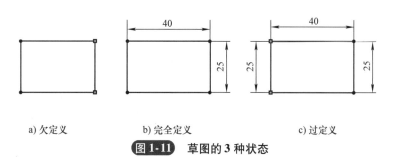

a) 欠定义　　　　　b) 完全定义　　　　　c) 过定义

图 1-11　草图的 **3** 种状态

欠定义：代表草图约束不完全。如图 1-11a 所示，矩形中有两条线是蓝色，其余两条线为黑色，但是黑色线的端点为蓝色。虽然没有标注任何尺寸，但是黑色线段的方向已经定义为垂直和水平，所以线段显示为黑色，由于无尺寸定义线长，所以线的端点为蓝色。

完全定义：代表草图已经正确约束，已经定义合适的几何关系和尺寸，如图 1-11b 所示。

过定义：代表草图中有过度约束（封闭尺寸链）。如图 1-11c 所示，由于 SolidWorks 使用参数化来约束模型和草图，过定义会导致草图计算错误，所以草图会显示为红色。

2. 特征

SolidWorks 软件中，零件模型是由单独元素构成的，这些元素统称为特征。特征分为草图特征和应用特征。

草图特征：基于二维草图的特征，通常该草图可以通过拉伸、旋转等命令转换为实体模型。

应用特征：直接创建于实体模型上的特征（没有草图），如圆角、倒角等。

通常零件在进行第一个拉伸特征时，应该根据模型特点选择最佳轮廓，如图 1-12 所示。图 1-12 中，左边为零件模型，右边为草图轮廓（基体特征），供读者参考。基体特征的选择原则是尽量反映出模型的大部分外形和特点。

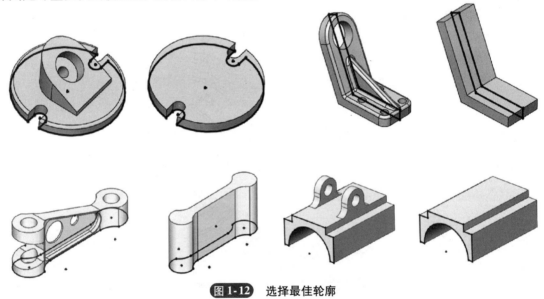

图 1-12 选择最佳轮廓

3. 约束

SolidWorks 草图中可以使用共线、垂直、水平、中点等几何关系来约束草图几何体，对于草图尺寸和特征尺寸，SolidWorks 软件也支持用方程式来创建尺寸参数之间的数学关系。例如，设计人员可以通过方程式来实现管道模型中管道截面内径和外径的尺寸数学关系。

4. 参数化

SolidWorks 软件中，参数化用于创建特征的尺寸和几何关系，并保存在设计模型中。设计人员可以使用参数化来实现设计意图，通过参数化也能快速修改模型。

驱动尺寸：驱动尺寸包括绘制几何体相关的尺寸和特征尺寸，如绘制一个正方体，正方体的截面形状大小由草图中的驱动尺寸来控制，正方体的高度由特征尺寸来控制。

几何关系：在草图几何体如直线、圆、点之间存在的相切、同心、中点等关系称为几何关系。几何关系是设计人员实现设计意图的重要手段。

5. 全相关

SolidWorks 的零件模型、装配体模型以及对应的工程图样是全相关的，当模型发生更改，对应的工程图、装配体会自动发生更改，在装配体和工程图中发生的更改也会影响到零件。

1.3.2 打开 SolidWorks 文件

在 SolidWorks 环境下，有三种文件：零件、装配体、工程图，如图 1-13 所示。

零件	装配体	工程图
单一设计零部件的3D展现	零部件和/或其它装配体的3D排列	2D工程制图，通常属于零件或装配体

图 1-13 零件、装配体与工程图三种文件

其文件名分别为：XX. sldprt（零件）、XX. sldasm（装配体）、XX . slddrw（工程图）。

打开已经存在的零件、装配体、工程图文档的操作步骤如下：双击指定文件夹中的 SolidWorks 零件文件 plate. sldprt，SolidWorks 会打开 plate. sldprt 文件。如果在打开文件之前没打开 SolidWorks，则系统会自动运行 SolidWorks，然后再打开所选的 SolidWorks 文件。

也可以通过单击菜单栏"文件"→"打开"，然后浏览至文件，打开文件 plate. sldprt。

按快捷键"R"，软件会列出最近打开的文档。单击文件图标下方"在文件夹中显示"，则该文件所处的文件夹会自动打开，如图 1-14 所示。

图 1-14 打开 SolidWorks 文件

1.3.3　修改 SolidWorks 文件

在绘制模型的过程中，如果需要修改之前的特征或草图，可以在窗口左侧的特征树中选择相应的特征或草图进行编辑，必要时可选择特征树下方的退回功能。

> 小提示：双击特征可显示草图和特征的尺寸，再双击尺寸可以快速调整尺寸。

例如，在简单零件.sldprt 零件中，双击零件高亮部分的任意平面区域，这个平面部分的特征尺寸将会被激活，双击尺寸可以对其进行修改。如图 1-15 所示，将平板厚度从 72mm 修改为 80mm，单击"确定"按钮，模型将发生改变。

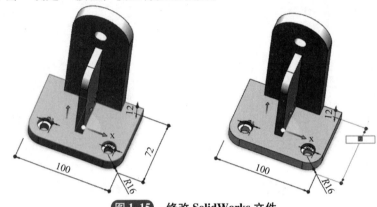

图 1-15　修改 SolidWorks 文件

模型如果无变化，单击菜单栏中的红绿灯符号，实现重建模型，如图 1-16 所示。

图 1-16　重建模型

> 小提示：如果找不到命令，试试软件右上角的搜索框，如图 1-17 所示。

图 1-17　搜索框的使用

此外，快捷键"Ctrl + B"也能实现上述效果。

1.3.4　保存 SolidWorks 文件

单击菜单上的"保存"符号，可保存刚才做过的操作，如图 1-18 所示。建议读者每次更改文件后，都对使用中的文件进行保存。

图 1-18　保存 SolidWorks 文件

如果要将更改后的文件存为副本，可以依次单击"文件"—"另存为"选项。注意"另存为"有 3 个选项，分别是"另存为""另存为副本并继续""另存为副本并打开"。读者可以自己尝试并比较这 3 个选项的差异。

1. 3. 5　SolidWorks 窗口

　　当打开一个 SolidWorks 文件后，窗口区域会分为两部分，如图 1-19 所示。

图 1-19　窗口区域

1. FeatureManager 设计树

　　FeatureManager 设计树位于窗口左侧，其树形结构反映了零件的建模过程（在装配体中为装配过程）。

　　在 SolidWorks 软件中，通过 FeatureManager 设计树反映模型的特征结构，FeatureManager 设计树可以反映特征被建立的前后顺序，还可以反映特征间的父子关系，如图 1-20 所示。

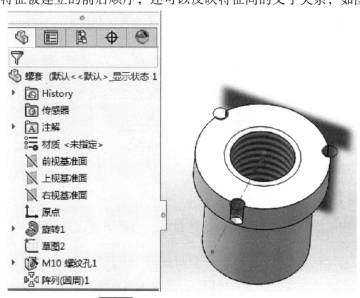

图 1-20　FeatureManager 设计树

2. 图形区域

窗口右侧为图形区域，可以自行尝试图形区域上方的视图控制命令。将鼠标移动到命令菜单上面，暂停 1s 后，SolidWorks 会自动做出反馈，进行该菜单的解释，如图 1-21 所示。

对于视图定向的命令，读者可以尝试将鼠标移动到图形区域的任意空白处，再按下空格键。

SolidWorks 类似于其他运行于 Windows 操作平台上的软件，可以非常方便地调整窗口大小。将光标移到窗口边缘，直到它变为双向箭头（注意，窗口处于最大化时，箭头无法出现）。在光标变为双向箭头时按住鼠标左键，同时通过拖动窗口来改变其大小。

将窗口拖至理想大小后，放开鼠标按键。

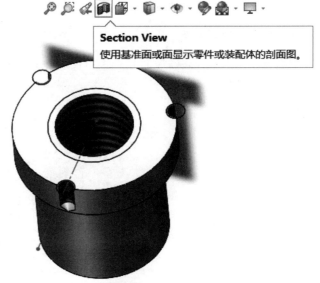

图 1-21　视图控制命令

窗口内可能有多个面板。用户可以调整各个面板彼此间的相对大小。

将光标移至两个面板的交界处，直到它变为带有一对正交平行线的双向箭头。此时按住鼠标左键，同时通过拖动面板来调整其大小。

将面板拖至理想大小后，放开鼠标按键。

1.3.6　CommandManager 命令管理器

常用的命令在 CommandManager 命令管理器中都可以找到。CommandManager 命令管理器可以根据实际需要自动切换工具栏，例如，当模型进入特征状态时，CommandManager 命令管理器可以自动进入"特征"工具栏，如图 1-22 所示。

图 1-22　"特征"工具栏

CommandManager 命令管理器根据命令的类型进行分类，类似于"抽屉"，读者可以试试自己拉开一个个"抽屉"。

1.3.7　鼠标的使用

鼠标左键主要用于选择，如选择某个菜单命令，选择图形区域的面、实体和 FeatureManager 设计树中的对象。

鼠标中键（一般为滚轮），按住后可以旋转模型，滚轮上滚和下滚分别是缩小和放大视图。也可以作为组合键的一部分，读者可以试试按住 Ctrl + 滚轮，图形区域将会平移。

鼠标右键，单击时，SolidWorks 会根据鼠标所处的位置进行反馈。如在特征树中选择某特征进行右键单击，SolidWorks 会弹出命令框，读者可根据需要进行特征的操作（如编辑特征、编辑特征的草图等）。

第 2 章

典型零件建模

课前导读

2.1 简单零件建模

本节学习要点:

◇ 看懂简单零件工程图。

◇ 分析简单零件建模步骤。

◇ 设定单位系统。

◇ 掌握异形孔特征。

2.1.1 零件工程图分析

1. 工程图样与三维视图（见图 2-1）

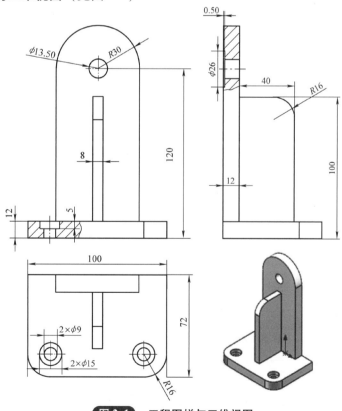

图 2-1 工程图样与三维视图

2. 参考建模步骤（见图2-2）

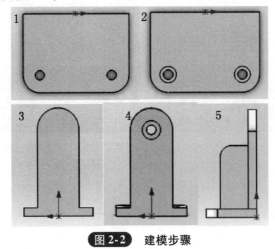

图 **2-2** 建模步骤

2.1.2 零件建模过程

步骤1 单击菜单栏"文件"→"新建",选择"零件"图标,如图2-3所示。

图 **2-3** 选择"零件"图标

单击"确定"按钮,进入零件图绘制状态。

步骤2 单击"选项"—"文档属性（D）"—"单位",在单位系统中,选择"MMGS（毫米、克、秒）（G）",如图2-4所示。

单击"确定"按钮完成单位设定。此时,可以在软件页面右下角,看到设定后的单位,如图2-5所示。

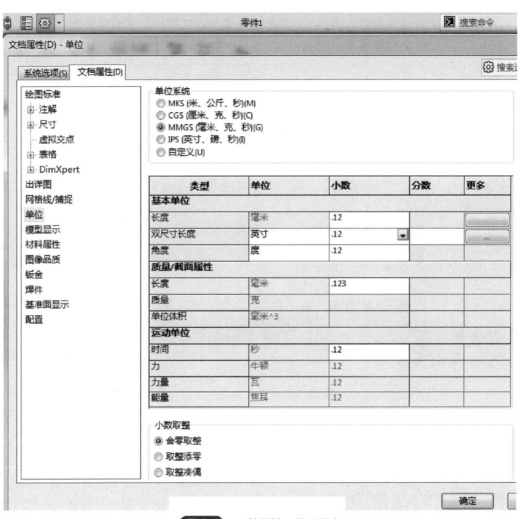

图 2-4　文档属性—单位设定

步骤 3　选择上视基准面为草图平面，单击"草图绘制"，绘制零件底板草图，尺寸如图 2-6 所示。

> 小提示：读者可以尝试先单击拉伸特征，软件提示读者选择基准面，左键单击选中基准面后，软件会自动进入草图状态。在绘制草图时，SolidWorks 软件提示的尺寸为参考，读者不必绘制精确尺寸，待草图绘制完毕后，再使用智能标注完善。

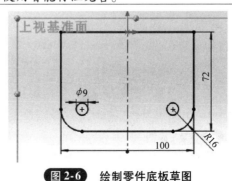

图 2-5　设定后的单位　　　　图 2-6　绘制零件底板草图

小提示：读者应该注意到，在草图中将所有尺寸标注完毕后，草图由蓝色变为黑色，此时在窗口右下方的提示栏如图 2-7 所示。

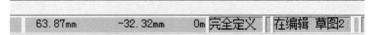

图 2-7　草图尺寸标注完毕的提示栏

提示栏中标识的"完全定义"代表草图已经完全约束。SolidWorks 软件允许将多余的尺寸标注为从动尺寸。

步骤 4　单击特征"拉伸凸台"，从"草图基准面"，方向"给定深度"，此处为深度 12.00mm，如图 2-8 所示。

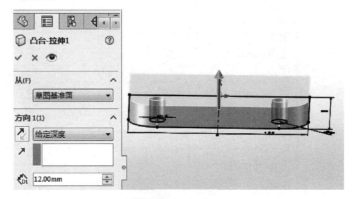

图 2-8　拉伸凸台

小提示：在完成拉伸凸台特征后，尝试使用快捷键"Z"和"Shift + Z"，可以对零件进行缩小和放大。

步骤 5　选择底板上表面为草图平面，画出两个直径为 15mm 的圆，与底板上直径为 9mm 的圆同心，如图 2-9 所示。

步骤 6　单击特征"拉伸切除"，从"草图基准面"，方向"给定深度"，此处深度为 5.00mm，如图 2-10 所示。

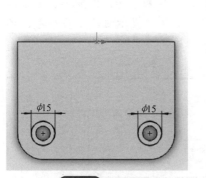

图 2-9　画圆

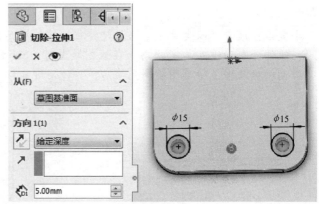

图 2-10　拉伸切除

步骤 7　选择前视基准面为草图平面，单击"草图绘制"，绘制零件底板草图，尺寸如图 2-11 所示。

步骤 8　单击特征"拉伸凸台"，从"草图基准面"，方向"给定深度"，此处深度为

12.00mm，如图 2-12 所示。

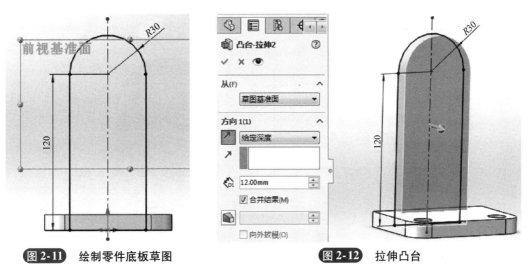

图 2-11　绘制零件底板草图　　　　　　　　　　　　**图 2-12**　拉伸凸台

　　步骤 9　单击特征"异形孔向导"，在立板上打一异形孔，在"类型"选项中，孔类型"柱形沉头孔"，标准"GB"，类型"六角头螺栓 C 级"，孔规格"大小：M12"，配合"正常"，终止条件"完全贯穿"，如图 2-13 所示。

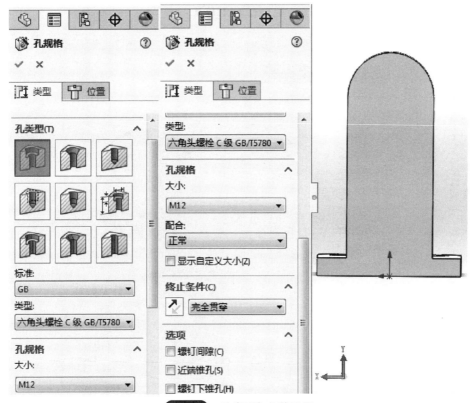

图 2-13　孔类型与规格设置

　　在"位置"选项中，不用 3D 草图，在立板表面任意位置（实体），单击鼠标左键，如图 2-14所示，按"Enter"键确定。这种方法为使用尺寸和其他草图工具来定位孔。

　　小提示：如果要在多个面上生成孔，使用 3D 草图。

图 2-14 孔位置

单击"打孔尺寸",单击"草图 5",选择"编辑草图",如图 2-15 所示。

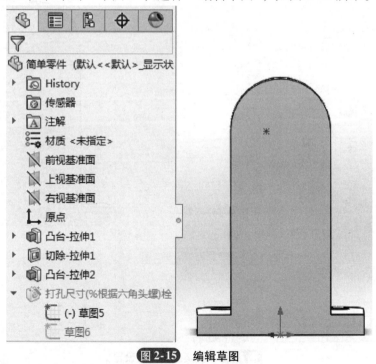

图 2-15 编辑草图

确定异形孔圆心的位置,设该圆心与立板圆弧圆心重合,如图 2-16 所示。单击"确定"按钮,完成草图编辑。

步骤 10 选择右视基准面为草图平面,单击"草图绘制",绘制一个带圆角的矩形筋板,

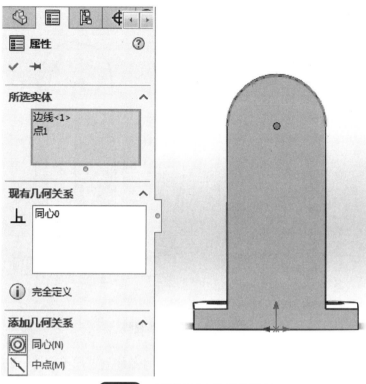

图 2-16　异形孔圆心位置的确定

尺寸如图 2-17 所示。

步骤 11　单击特征"拉伸凸台",从"草图基准面",方向"两侧对称"进行拉伸,此处深度为 8.00mm,如图 2-18 所示。

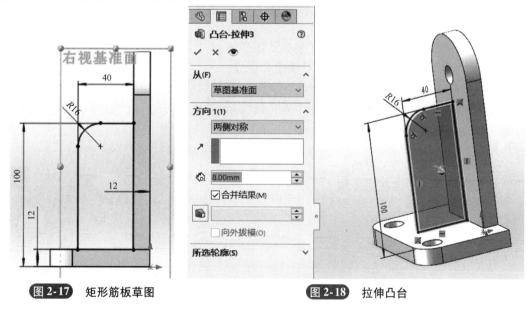

图 2-17　矩形筋板草图

图 2-18　拉伸凸台

单击"确定"按钮,完成零件建模,如图 2-19 所示。

图 2-19   完成零件建模

步骤 12   单击菜单栏中的"保存（Ctrl＋S）"，将名称为"简单零件．sldprt"的文件保存在指定文件夹。

2.1.3   职业能力分析

在绘制草图时注意：

1）先选择草图绘制平面，再进行草图绘制。

2）绘制与实际形状相近的草图，保证在进行尺寸标注和添加几何约束时，草图不易变形。

3）保持草图的简洁，不要一次完成复杂草图的绘制，应分步进行，以便于以后操作，使复杂的几何形状可以由简单的多个实体对象组合而成。

2.2   中等难度零件建模

本节学习要点：

◇ 看懂中等难度零件工程图。

◇ 分析中等难度零件建模步骤。

◇ 设定参考基准面。

◇ 掌握加强筋特征。

◇ 编辑零件材料。

◇ 评估零件质量属性。

2.2.1   零件工程图分析

1. 工程图样与三维视图（见图 2-20）

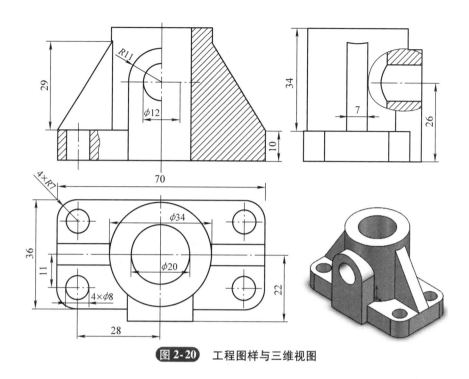

图 2-20　工程图样与三维视图

2. 参考建模步骤（见图 2-21）

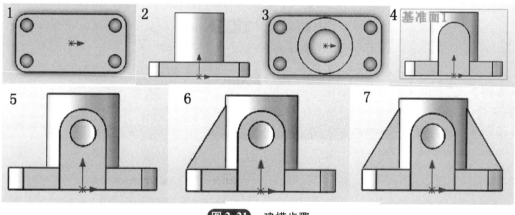

图 2-21　建模步骤

2.2.2　零件建模过程

　　步骤 1　选择上视基准面为草图平面，单击"草图绘制"，绘制零件底板草图，相关尺寸如图 2-22 所示。

　　步骤 2　单击特征"拉伸凸台"，从"草图基准面"，方向"给定深度"，此处深度为10.00mm，如图 2-23 所示。然后单击"确定"按钮。

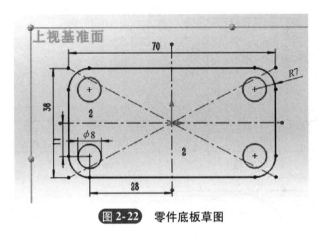

图 2-22 零件底板草图

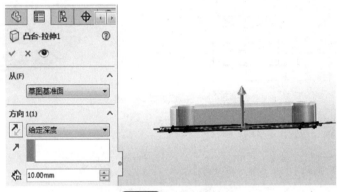

图 2-23 拉伸凸台

步骤 3 选择底板上表面为草图平面,单击"草图绘制",画一个直径为 34mm 的圆,如图 2-24 所示。

步骤 4 单击特征"拉伸凸台",从"草图基准面",方向"给定深度",此处深度为 34.00mm,如图 2-25 所示。

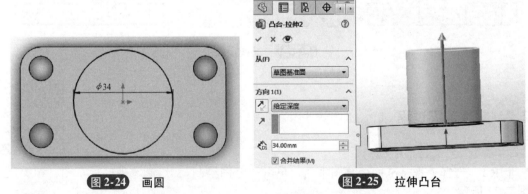

图 2-24 画圆   图 2-25 拉伸凸台

步骤 5 选择立柱上表面为草图平面,单击"草图绘制",画一个直径为 20mm 的圆,如图 2-26 所示。

步骤 6 单击特征"拉伸切除",从"草图基准面",方向"完全贯穿",如图 2-27 所示。

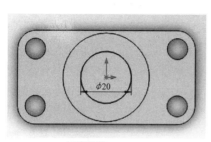

图 2-26　画圆

图 2-27　拉伸切除

步骤 7　单击"插入（I）"—"参考几何体（G）"—"基准面（P）"，如图 2-28 所示。基准面 1 中，第一参考"前视基准面"，偏移距离"22.00mm"，如图 2-29 所示。

图 2-28　插入基准面

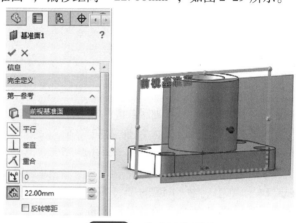

图 2-29　基准面的设置

步骤 8　选择基准面 1 为草图平面，单击"草图绘制"，具体尺寸如图 2-30 所示。

步骤 9　单击特征"拉伸凸台"，从"草图基准面"，方向"成形到一面（面 < 1 >）"，如图 2-31 所示。注意，方向也可选择"成形到下一面"，效果相同。

步骤 10　选择基准面 1 为草图平面，单击"草图绘制"，画一个直径为 12mm 的圆，如图 2-32 所示。

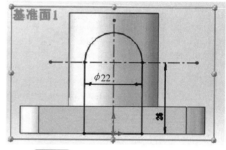

图 2-30　在基准面 1 上绘制草图

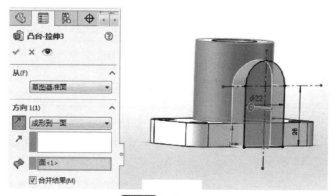

图 2-31　拉伸凸台

步骤 11 单击特征"拉伸切除",从"草图基准面",方向"成形到下一面",如图 2-33 所示。

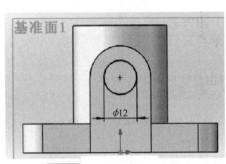

图 2-32 在基准面 1 上画圆

图 2-33 拉伸切除操作

步骤 12 选择前视基准面为草图平面,单击"草图绘制",绘制一条斜直线,具体尺寸如图 2-34 所示。

步骤 13 单击特征"加强筋",厚度"两侧",筋厚度"7.00mm",拉伸方向"平行于草图",拔模角度"1.00 度",如图 2-35 所示。

步骤 14 单击特征"镜向"[⊖],基准面"右视基准面",要"镜向"的特征"筋 2",如图 2-36 所示。

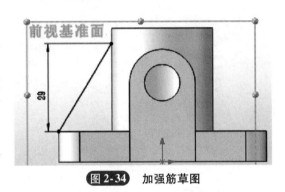

图 2-34 加强筋草图

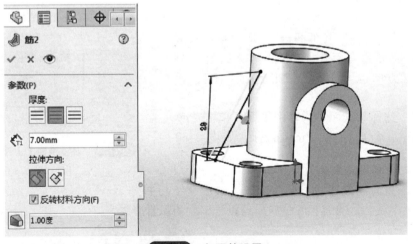

图 2-35 加强筋设置

单击"确定"按钮,完成中等难度零件建模,如图 2-37 所示。

步骤 15 在"设计树(Feature Manager)"中,单击"材质",单击鼠标右键,选择"编辑材料(A)",如图 2-38 所示。

⊖ 说明:SolidWorks 软件中采用"镜向",实为"镜像"。

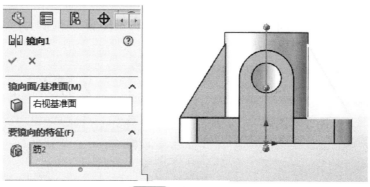

图 2-36　镜向加强筋

图 2-37　零件建模完成

在"材料"中，单击"solidworks material"—"铝合金"—"1060 合金"，如图 2-39 所示。

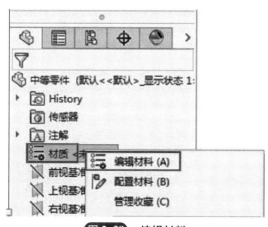

图 2-38　编辑材料

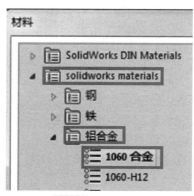

图 2-39　选择材料

单击右下角"应用（A）"，保存并退出材料设定。

步骤 16 在"评估"栏中，单击"质量属性"，该零件的质量为"125.08 克"，如图 2-40 所示。

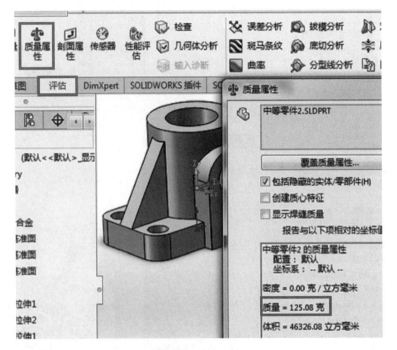

图 2-40 质量属性

2.2.3 职业能力分析

1）SolidWorks 软件的操作流程是：先选面、后绘图、再特征。

2）零件建模的每一个步骤和参数都被记录下来，并且"特征设计树"里的特征和模型上的结构是一一对应的。因此，无论何时，都可以对零件的任何特征进行编辑。需要注意的是，在特征之间有参考联系时，修改"特征设计树"前面的特征，可能会对后面的特征产生影响，会提示出错。

3）灵活地绘制草图和使用特征命令，能够简化操作步骤，提高设计效率，更能方便后期修改零件。如果模型上的同一结构，可以通过不同的特征完成，如何选择比较好的方法，这需要在使用过程中积累经验。

2.3 复杂零件建模

本节学习要点：

◇ 看懂复杂零件工程图。

◇ 分析复杂零件建模步骤。

◇ 掌握草图线性阵列。

◇ 设定 45°参考基准面。

2.3.1 工程图样分析

1. 工程图样与三维视图（见图 2-41）

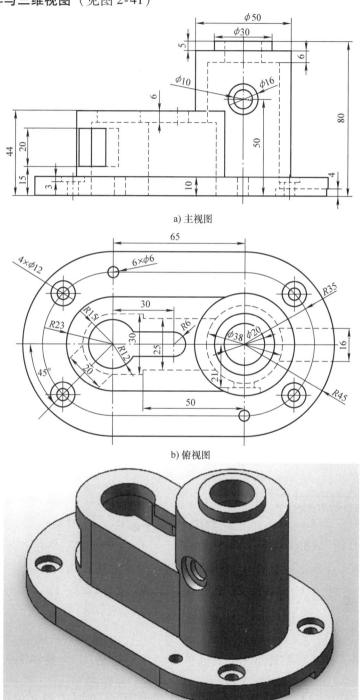

a) 主视图

b) 俯视图

c) 三维图

图 2-41 工程图样与三维视图

2. 参考建模步骤（见图 2-42）

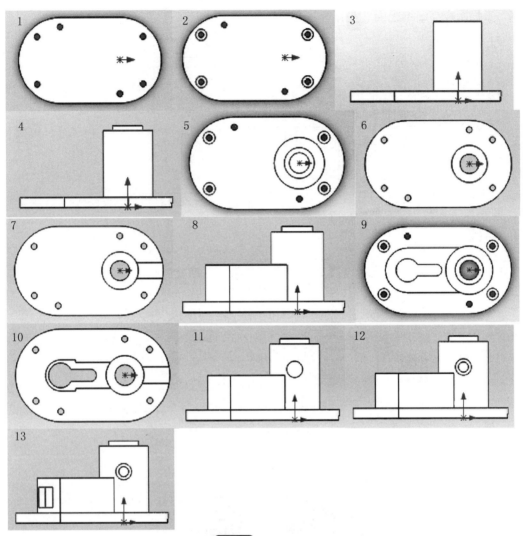

图 2-42 建模步骤

2.3.2 建模过程

步骤 1 选择上视基准面为草图平面，单击"草图绘制"，绘制零件底板草图，尺寸如图 2-43 所示。

步骤 2 单击特征"拉伸凸台"，从"草图基准面"，方向"给定深度"，此处深度为 10.00mm，如图 2-44 所示。

步骤 3 单击底板上表面为草图平面，单击"草图绘制"，绘制一个直径为 12mm 的圆，与直径 6mm 圆同心，如图 2-45 所示。

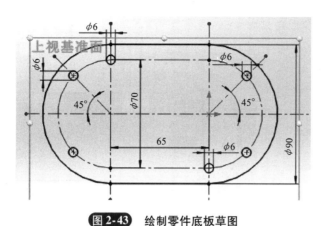

图 2-43　绘制零件底板草图

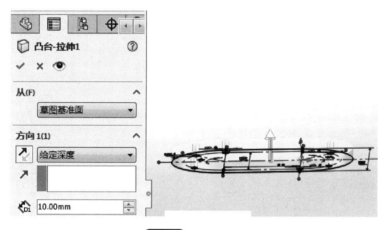

图 2-44　拉伸凸台

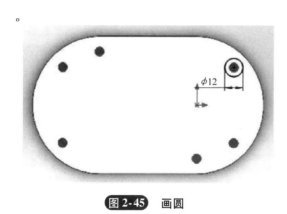

图 2-45　画圆

再使用线性阵列，方向一"间距 114.5mm，实例 2"，方向二"间距 49.5mm，实例 2"，如图 2-46 所示。

步骤 4　单击特征"拉伸切除"，从"草图基准面"，方向"给定深度"，此处深度为 3.00mm，如图 2-47 所示。

步骤 5　选择上视基准面为草图平面，单击"草图绘制"，绘制一个直径为 50mm 的圆，如图 2-48 所示。

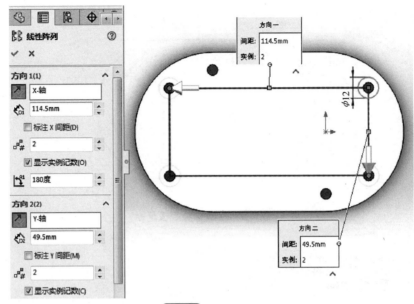

图 2-46 线性阵列

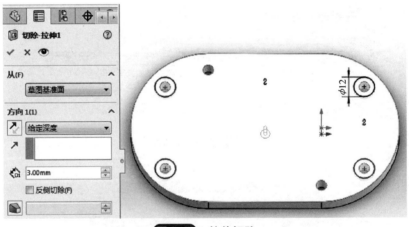

图 2-47 拉伸切除

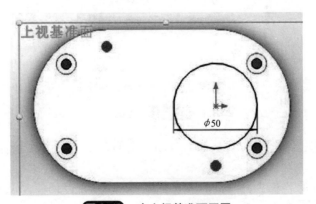

图 2-48 在上视基准面画圆

步骤6 单击特征"拉伸凸台",从"等距,数值10.00mm",方向"给定深度",此处深度为 70.00mm，如图 2-49 所示。

步骤 7　选择右侧圆柱上表面为草图平面，单击"草图绘制"，绘制直径分别为 50mm 和 30mm 的两个同心圆，如图 2-50 所示。

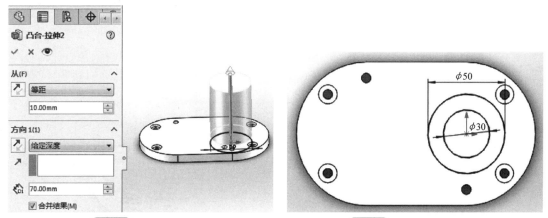

图 2-49　拉伸凸台　　　　　　　　　　图 2-50　绘制两个同心圆

步骤 8　单击特征"拉伸切除"，从"草图基准面"，方向"给定深度"，此处深度为 5.00mm，如图 2-51 所示。

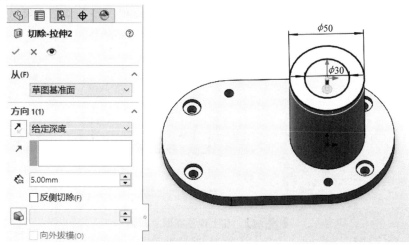

图 2-51　拉伸切除

步骤 9　选择右侧圆柱上表面为草图平面，单击"草图绘制"，绘制一个直径为 20mm 的圆，如图 2-52 所示。

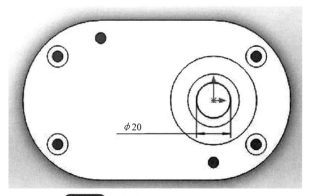

图 2-52　在右侧圆柱上表面上画圆

步骤10 单击特征"拉伸切除",从"草图基准面",方向"给定深度",此处深度为11.00mm,如图2-53所示。

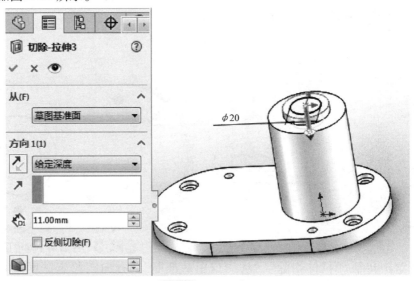

图2-53 拉伸切除

步骤11 选择上视基准面为草图平面,单击"草图绘制",绘制一个直径为38mm的圆,如图2-54所示。

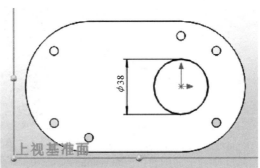

图2-54 在上视基准面上画圆

步骤12 单击特征"拉伸切除",从"草图基准面",方向"给定深度",此处深度为69.00mm,如图2-55所示。

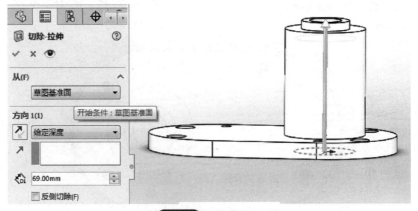

图2-55 拉伸切除

步骤 13　选择上视基准面为草图平面，单击"草图绘制"，绘制一个宽度为 16mm 的槽，如图 2-56 所示。

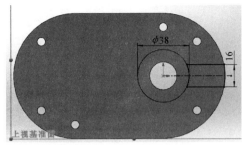

图 2-56　在上视基准面上画槽

步骤 14　单击特征"拉伸切除"，从"草图基准面"，方向"给定深度"，此处深度为 4.00mm，如图 2-57 所示。

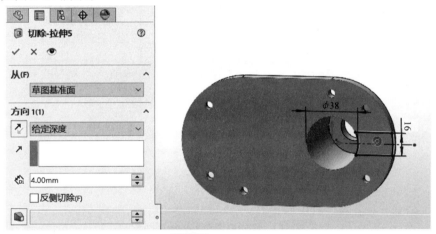

图 2-57　拉伸切除

步骤 15　选择底板上表面为草图平面，单击"草图绘制"，绘制一个半径为 23mm 的半圆，距离右侧圆心 65mm，如图 2-58 所示。

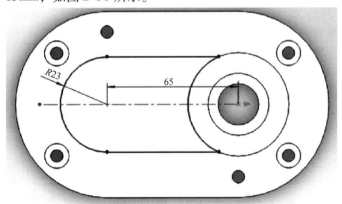

图 2-58　在底板上表面上画草图

步骤 16　单击特征"拉伸凸台"，从"草图基准面"，方向"给定深度"，此处深度为 34.00mm，如图 2-59 所示。

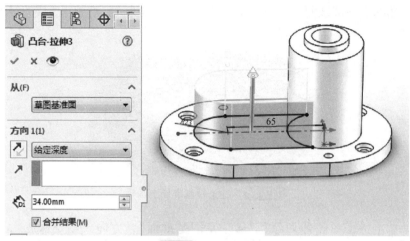

图 2-59　拉伸凸台

步骤 17　选择左侧圆台上表面为草图平面，单击"草图绘制"，绘制一个半径为 12mm 的圆弧，距离另一个半径为 6mm 的半圆 30mm，如图 2-60 所示。

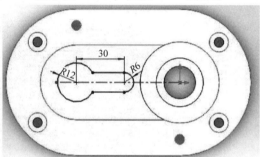

图 2-60　在左侧圆台上表面上画草图

步骤 18　单击特征"拉伸切除"，从"草图基准面"，方向"给定深度"，此处深度为 6.00mm，如图 2-61 所示。

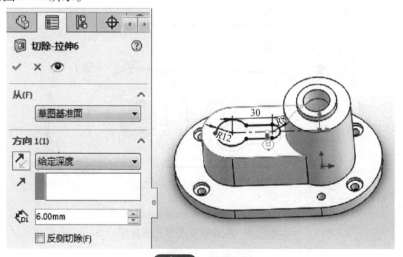

图 2-61　拉伸切除

步骤 19　选择上视基准面为草图平面，单击"草图绘制"，绘制一草图，尺寸如图 2-62 所示。

步骤 20　单击特征"拉伸切除"，从"草图基准面"，方向"给定深度"，此处深度为 38.00mm，如图 2-63 所示。

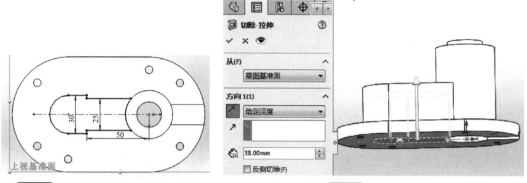

图 2-62　在上视基准面上绘制草图　　图 2-63　拉伸切除

步骤 21　插入基准面 1，第一参考"前视基准面"，偏移距离"25.00mm"，如图 2-64 所示。

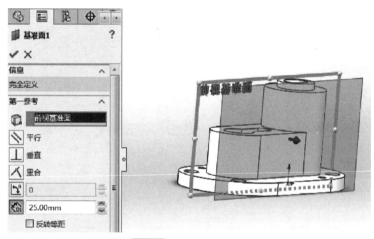

图 2-64　插入基准面 1

步骤 22　选择基准面 1 为草图平面，单击"草图绘制"，绘制一个直径为 16mm 的圆，距离底面 50mm，如图 2-65 所示。

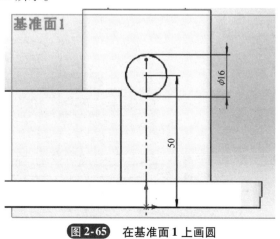

图 2-65　在基准面 1 上画圆

步骤 23 单击特征"拉伸切除",从"草图基准面",方向"给定深度",此处深度为 4.00mm,如图 2-66 所示。

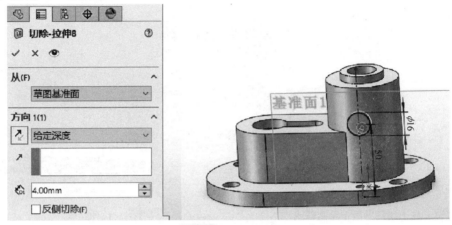

图 2-66　拉伸切除

步骤 24 选择基准面 1 为草图平面,单击"草图绘制",绘制一个直径为 10mm 的圆,与直径为 16mm 的圆同心,如图 2-67 所示。

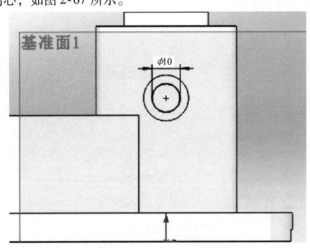

图 2-67　在基准面 1 上画圆

步骤 25 单击特征"拉伸切除",从"草图基准面",方向"给定深度",此处深度为 10.00mm,如图 2-68 所示。

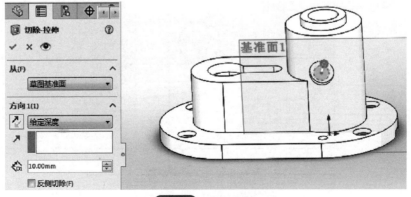

图 2-68　拉伸切除

步骤 26　选择左侧圆台上表面为草图平面，单击"草图绘制"，绘制一中心线与水平轴线成 45°，端点与 $R23$mm 圆弧相交，如图 2-69 所示。

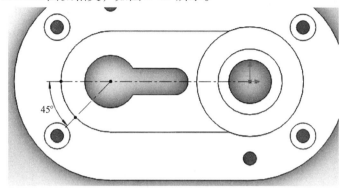

图 2-69　绘制中心线

步骤 27　插入基准面 2，第一参考"点 8（中心线与圆弧交点）"，第二参考"直线 2（中心线）"，如图 2-70 所示。

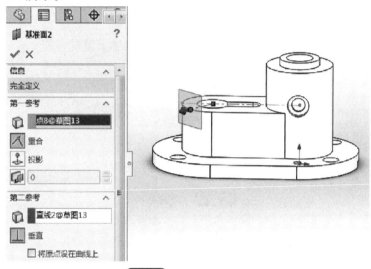

图 2-70　插入基准面 2

步骤 28　选择基准面 2 为草图平面，单击"草图绘制"，绘制一个尺寸为 20mm × 20mm 的矩形，距离底面 15mm，如图 2-71 所示。

步骤 29　单击特征"拉伸切除"，从"草图基准面"，方向"给定深度"，此处深度为 15.00mm，如图 2-72 所示。然后单击"确定"按钮。

步骤 30　在"设计树"中，单击"材质"，选择"黄铜"，如图 2-73 所示。

步骤 31　在"评估"栏中，单击"质量属性"，该零件的质量 = 1653.56g，重心：X = −28.31mm，Y = 23.06mm，Z = −0.33mm，如图 2-74 所示。

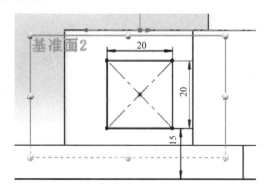

图 2-71　在基准面 2 上绘制矩形

步骤 32　单击"保存"，将名称为"复杂零件 . sldprt"的零件保存在指定文件夹。

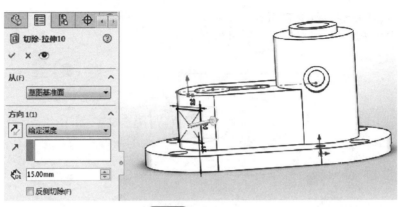

图 2-72　拉伸切除

图 2-73　选择材料

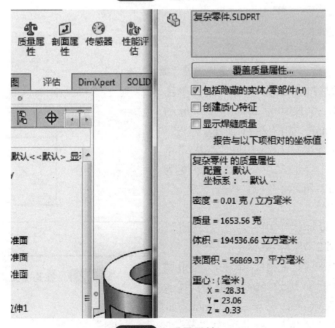

图 2-74　质量属性

2.3.3　职业能力分析

1）产品的一般设计思路，当零件结构基本确定后，零件建模步骤和绘图特征的选择并不是唯一的，可以有不同的选择。每个命令都有其特殊之处，关键是熟记各命令的位置、选项和功能。

2）SolidWorks 软件的应用是非常灵活的，设计人员可以根据自己的习惯进行选择，也可以运用软件进行创新设计。

2.4　千斤顶零件建模

本节学习要点：
◇ 了解千斤顶的结构和功用。
◇ 掌握底座零件建模过程。
◇ 掌握螺套零件建模过程。
◇ 掌握螺旋杆零件建模过程。
◇ 掌握顶垫零件建模过程。
◇ 掌握铰杠零件建模过程。

2.4.1　千斤顶简介

千斤顶是一种起重高度小的最简单的起重设备。千斤顶主要用于厂矿、交通运输等部门用于车辆修理及其他设备起重、支撑等工作。千斤顶装置常用的有液压千斤顶和螺纹千斤顶。其中，螺纹千斤顶也称为机械千斤顶，是由人力操作螺旋副传动，螺杆或螺母套筒作为顶举件。普通螺旋千斤顶靠螺纹自锁作用承载重物，其结构简单，缺点是传动效率低，返程速度慢。液压千斤顶通常采用液压缸作为刚性顶举件。液压千斤顶结构紧凑，工作平稳，有自锁作用，使用广泛；它的缺点是起重高度有限，起升速度慢。

本任务选用的螺纹千斤顶装置，由底座、螺套、铰杠、螺钉、顶垫、螺旋杆组成，其中，螺钉是标准件，无须设计，在 SolidWorks 软件中可以单击右侧"设计库"，直接选用；而底座、螺套、螺旋杆、铰杠、顶垫需要自行设计、建模等。

2.4.2　底座零件建模

1. 工程图样与三维视图（见图 2-75）

2. 参考建模步骤（见图 2-76）

3. 建模过程

步骤 1　选择前视基准面为草图平面，单击"草图绘制"，绘制旋转类零件草图，尺寸如图 2-77 所示。

步骤 2　单击特征"旋转凸台"，旋转轴"直线 1"（中心线），方向 1"给定深度"，此处角度为"360.00 度"，如图 2-78 所示。

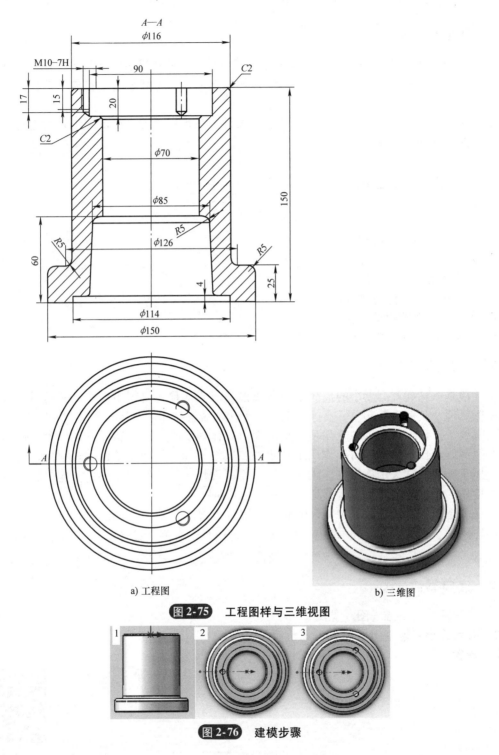

a) 工程图

b) 三维图

图 2-75 **工程图样与三维视图**

图 2-76 **建模步骤**

步骤 3 选择上视基准面为草图平面，单击"草图绘制"，绘制一条水平中心线，如图 2-79 所示。

步骤 4 在上视基准面上，单击特征"异形孔向导"，在"类型"选项中，孔类型（T）选择"直螺纹孔"，标准"GB"，类型"底部螺纹孔"，孔规格大小"M10"，终止条件"给定深度，17.00mm"，螺纹线"给定深度，15.00mm"，选择装饰螺纹线，"带螺纹标注"，如

图 2-80 所示。

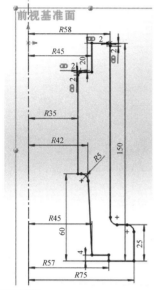

图 2-77 绘制旋转类零件草图

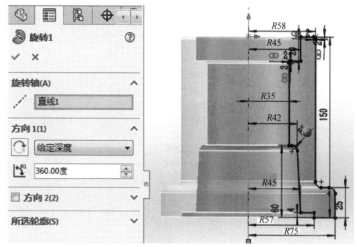

图 2-78 旋转凸台

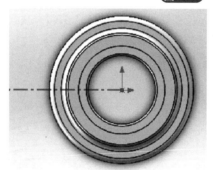

图 2-79 在上视基准面上画中心线

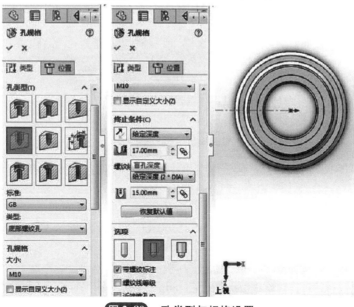

图 2-80 孔类型与规格设置

在"位置"选项中，不用3D草图，在底座上表面任意位置（实体），单击鼠标左键，按"Enter"键确定，这种方法为使用尺寸和其他草图工具来定位孔，如图2-81所示。

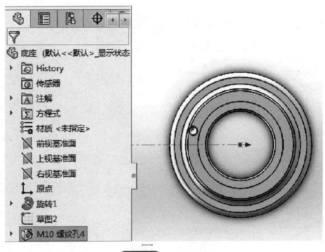

图2-81 孔位置

单击"M10螺纹孔4"，单击"草图9"，选择"编辑草图"，如图2-82所示。

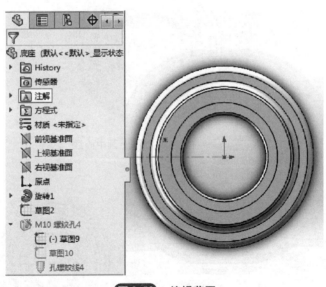

图2-82 编辑草图

确定异形孔圆心的位置，设该圆心与水平中心线重合，距离底座圆心45mm，如图2-83所示。

单击"确定"按钮，完成草图编辑。

步骤5 单击特征"圆周阵列"，角度"360.00度"，数量"3"个，"等间距"，如图2-84所示。

单击左上角"√"，完成阵列，完成底座建模，如图2-85所示。

步骤6 单击"保存"，将名称为"底座.sldprt"的零件保存在指定文件夹。

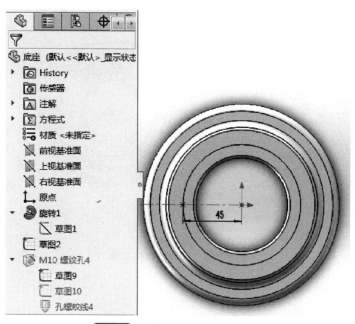

图 2-83　确定异形孔圆心的位置

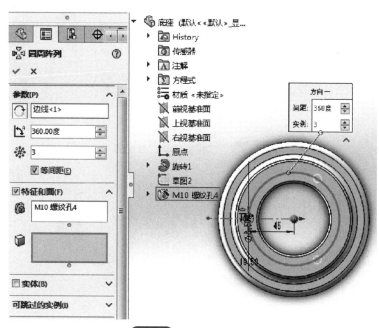

图 2-84　圆周阵列设置

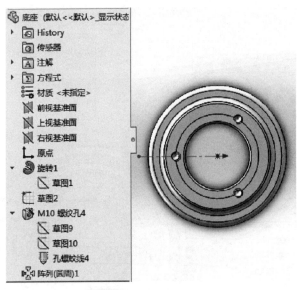

图 2-85　完成建模的底座

2.4.3　螺套建模

1. 工程图样与三维视图（见图 2-86）

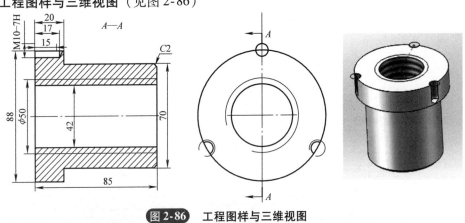

图 2-86　工程图样与三维视图

2. 参考建模步骤（见图 2-87）

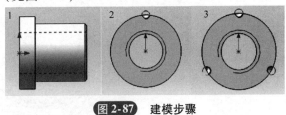

图 2-87　建模步骤

3. 建模过程

　　步骤 1　选择前视基准面为草图平面，单击"草图绘制"，绘制旋转类零件草图，尺寸如图 2-88 所示。

步骤2　单击特征"旋转凸台"，旋转轴"直线1"，方向1角度为"360.00度"，如图2-89所示。

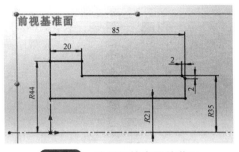

图 2-88　绘制旋转类零件草图

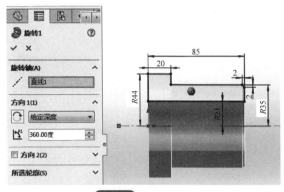

图 2-89　旋转凸台

步骤3　在菜单栏单击"插入"—"注解"—"装饰螺纹线"，如图2-90所示。

步骤4　在装饰螺纹线中，螺纹设定"圆形边线（边线<1>）"，主要直径为"50.00mm"，"成形到下一面"，如图2-91所示。

图 2-90　插入装饰螺纹线

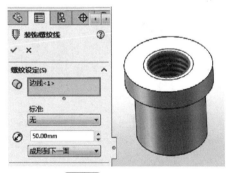

图 2-91　螺纹线设定

单击确定，保存螺纹线设定。

步骤5　选择右视基准面为草图平面，单击"草图绘制"，绘制一条垂直中心线，如图2-92所示。

在右视基准面上，单击特征"异形孔向导"，在"类型"选项中，孔类型（T）选择"直螺纹孔"，标准"GB"，类型"底部螺纹孔"，孔规格大小"M10"，终止条件"给定深度，17.00mm"，螺纹线"给定深度，15.00mm"，选择"装饰螺纹线，带螺纹标注"。

在"位置"选项中，不用3D草图，在底座上表面任意位置（实体），单击鼠标左键，按"Enter"键确

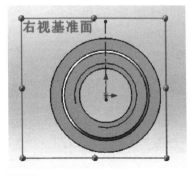

图 2-92　在右视基准面上绘制中心线

定,如图 2-93 所示。

单击"M10 螺纹孔",单击"草图 3",选择"编辑草图",确定异形孔圆心的位置,设该圆心与垂直中心线重合,距离底座圆心 45mm(与底座配合后同心),如图 2-94 所示。

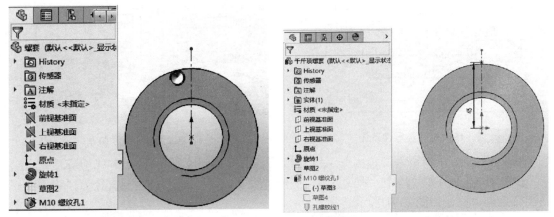

图 2-93 孔设置   图 2-94 编辑草图与确定异形孔圆心

单击"确定"按钮,完成草图编辑。

步骤 6 单击特征"圆周阵列",参数为边线<1>,角度"360.00 度",数量"3"个,"等间距",如图 2-95 所示。

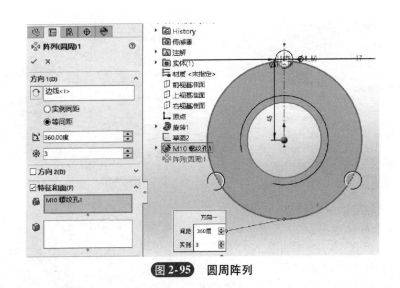

图 2-95 圆周阵列

单击"确定"按钮,完成阵列,完成螺套建模,如图 2-96 所示。

步骤 7 单击"保存",将名称为"螺套.sldprt"的零件保存在指定文件夹。

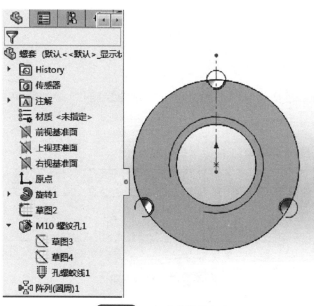

图 2-96 完成建模的螺套

2.4.4 螺旋杆建模

1. 工程图样与三维视图（见图 2-97）

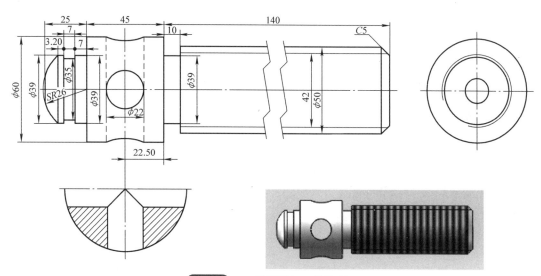

图 2-97 工程图样与三维视图

2. 参考建模步骤（见图 2-98）

图 2-98 建模步骤

3. 建模过程

步骤 1 选择前视基准面为草图平面,单击"草图绘制",绘制旋转类零件草图,尺寸如图 2-99 所示。

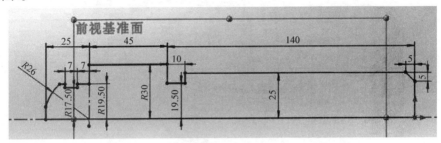

图 2-99 绘制草图

步骤 2 单击特征"旋转凸台",旋转轴"直线 1",方向 1"给定深度",角度为"360.00 度",如图 2-100 所示。

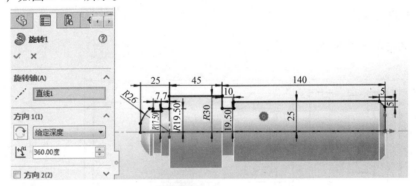

图 2-100 旋转凸台

步骤 3 在菜单栏单击"插入"—"注解"—"装饰螺纹线",螺纹设定圆形边线"边线<1>",主要直径为"42.00mm","成形到下一面",如图 2-101 所示。

图 2-101 插入装饰螺纹线

单击"确定"按钮,保存螺纹线设置。

步骤 4 选择前视基准面,单击"草图绘制",画一个直径为 22mm 的圆,距离边线

22.50mm，如图 2-102 所示。

步骤 5　单击特征"拉伸切除"，从"草图基准面"，方向 1 为"两侧对称"，深度"60.00mm"，如图 2-103 所示。

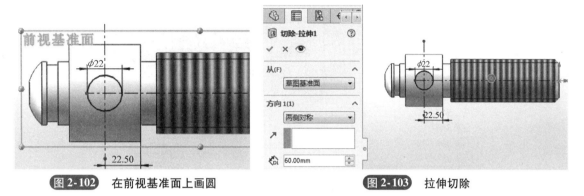

图 2-102　在前视基准面上画圆

图 2-103　拉伸切除

步骤 6　选择上视基准面，单击"草图绘制"，画一个直径为 22mm 的圆孔，距离边线 22.50mm，如图 2-104 所示。

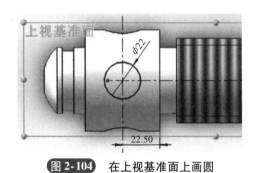

图 2-104　在上视基准面上画圆

步骤 7　单击特征"拉伸切除"，从"草图基准面"，方向 1"两侧对称"，深度为"60.00mm"，如图 2-105 所示。

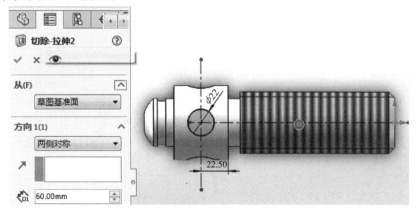

图 2-105　拉伸切除

单击"确定"按钮，完成螺旋杆建模，如图 2-106 所示。

步骤 8　单击"保存"，将名称为"螺旋杆 . sldprt"的零件保存在指定文件夹。

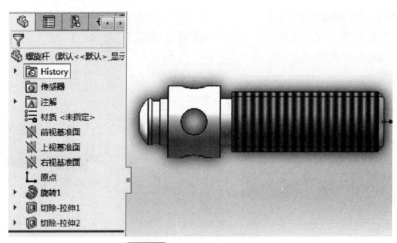

图 2-106 完成建模的螺旋杆

2.4.5 顶垫建模

1. 工程图样与三维视图（见图 2-107）

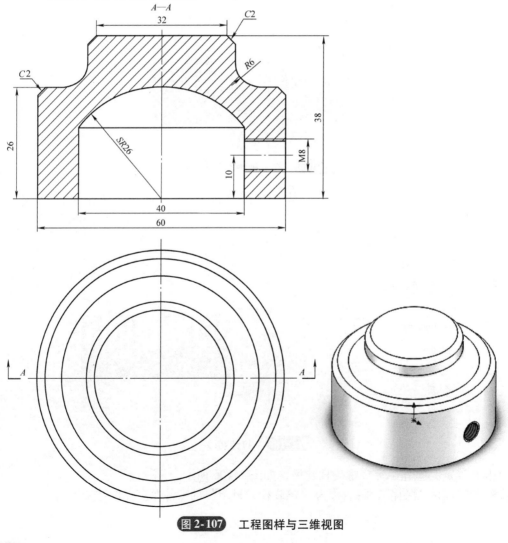

图 2-107 工程图样与三维视图

2. 参考建模步骤（见图 2-108）

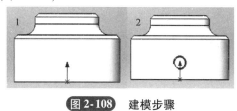

图 2-108　建模步骤

3. 建模过程

步骤 1　选择前视基准面为草图平面，单击"草图绘制"，绘制旋转类零件草图，尺寸如图 2-109 所示。

步骤 2　单击特征"旋转凸台"，旋转轴"直线 1"，方向 1"给定深度"，角度为"360.00 度"，如图 2-110 所示。

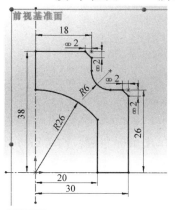

图 2-109　绘制旋转类零件草图

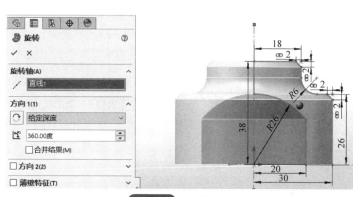

图 2-110　旋转凸台

步骤 3　插入基准面 1，第一参考"右视基准面"，偏移距离为"30.00mm"，如图 2-111 所示。

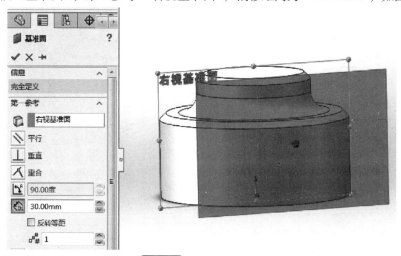

图 2-111　插入基准面 1

步骤 4　单击特征"异形孔向导"，在基准面 1 上打出一个异形孔，孔类型为"直螺纹孔",标准为"GB",类型为"螺纹孔",孔规格为"大小 M8",配合为"正常",终止条件为"成形到下一面",螺纹线为"成形到下一面",如图 2-112 所示。

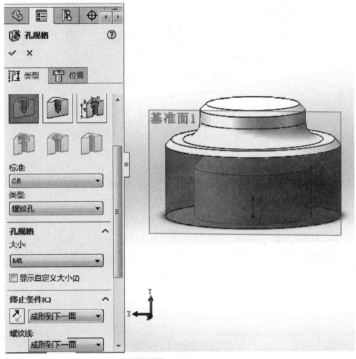

图 2-112 异形孔设置

在"位置"选项中,不用 3D 草图,在基准面 1 任意位置,单击鼠标左键,按"Enter"键确定,如图 2-113 所示。

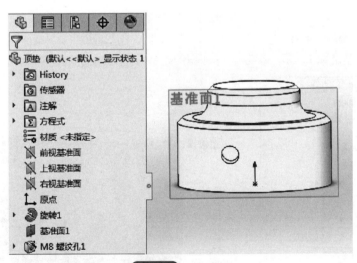

图 2-113 孔位置

单击"螺纹孔 1",单击"草图 2",选择"编辑草图",螺纹孔圆心在垂直中心线上,距离底面 10mm,如图 2-114 所示。

单击"确定"按钮,完成顶垫建模,如图 2-115 所示。

步骤 5 单击"保存",将名称为"顶垫.sldprt"的零件保存在指定文件夹。

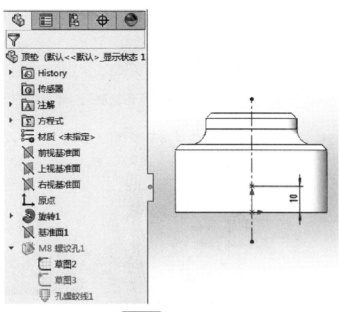

图 2-114　编辑草图

2.4.6　铰杠建模

1. 工程图样与三维视图（见图 2-116）

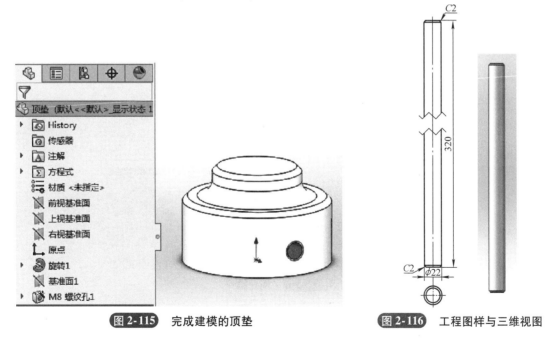

图 2-115　完成建模的顶垫

图 2-116　工程图样与三维视图

2. 参考建模步骤（见图 2-117）

图 2-117　建模步骤

3. 建模过程

步骤 1　选择上视基准面为草图平面，单击"草图绘制"，画一个直径为 22mm 的圆，如图 2-118 所示。

步骤 2　单击特征"拉伸凸台"，从"草图基准面"，方向 1 为"两侧对称"，深度为"320.00mm"，如图 2-119 所示。

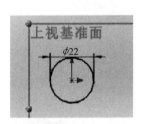

图 2-118　在上视基
准面上画圆

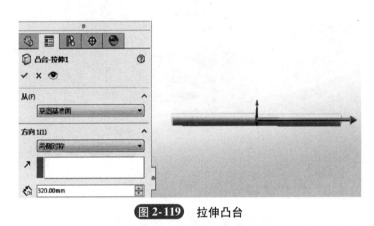

图 2-119　拉伸凸台

步骤 3　单击特征"倒角"，倒角参数为距离"2.00mm"，角度"45.00 度"，如图 2-120 所示。

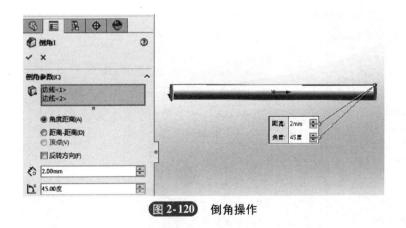

图 2-120　倒角操作

单击"确定"按钮，完成铰杠建模。

步骤 4　单击"保存"，将名称为"铰杠 . sldprt"的零件保存在指定文件夹。

2.5　练习与提高

1. 完成如图 2-121 所示的零件建模。

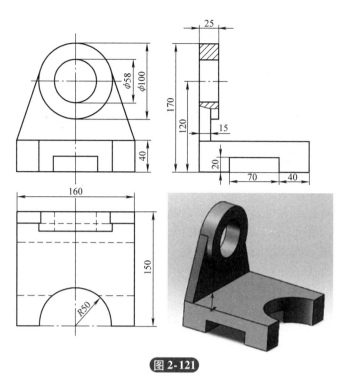

图 2-121

2. 完成如图 2-122 所示的零件建模。

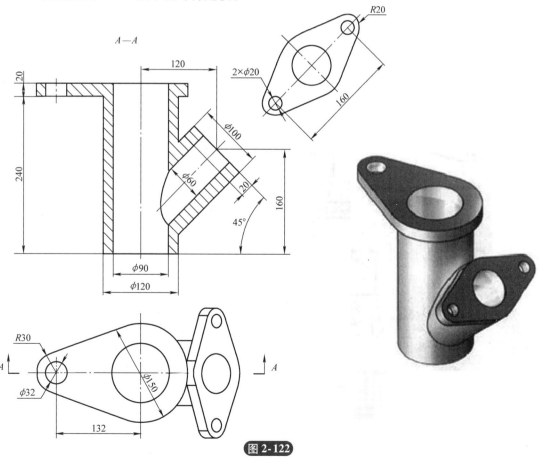

图 2-122

Chapter 3

第 3 章

工业机器人本体设计

目前，通用的工业机器人机械结构主要由基座、大臂、小臂、手腕几部分组成。它通常有六个自由度，即手腕的偏转、翻转、俯仰，大臂、小臂、基座的转动，也可以根据需要增减自由度数量。本章选用五自由度工业机器人为原型，进行主要零件的建模设计与绘制。

课前导读

3.1 基座零件

本节学习要点：
◇ 了解基座在工业机器人中的位置及功用。
◇ 设计基座合理的建模步骤。
◇ 正确选择基座建模中的基准面。
◇ 较熟练地绘制各草图。
◇ 根据草图确定各特征。
◇ 零件外观编辑。

3.1.1 任务引入

基座位于机器人底部，通过在基座固定板处安装地脚螺钉实现机器人本体定位，并通过J1轴的旋转运动带动机器人本体转动。基座（J1）在工业机器人中的位置如图3-1所示。

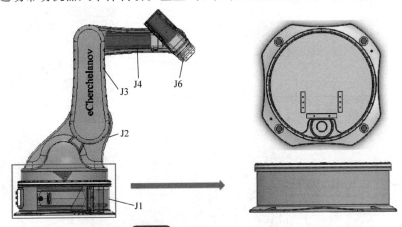

图3-1 基座（J1）的位置

J1、J2—基座 J3—大臂 J4—小臂 J6—手腕

基座（J2）安装于机器人底盘上方，一端与基座（J1）相连，另一端与大臂（J3）连接，用来带动机器人实现上下摆动运动。基座（J2）在工业机器人中的位置如图3-2所示。

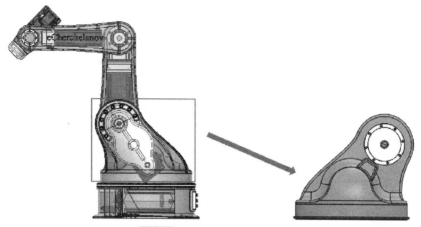

图 3-2　基座（J2）的位置

3.1.2　基座 J1 建模过程

1. 新建零件

步骤 1　单击工具栏中的"新建"，单击"零件"图标，单击"确定"按钮，进入零件建模，将该零件命名为"基座 J1 零件.sldprt"，保存文件到指定文件夹。

2. 绘制环形外轮廓

步骤 2　选择前视基准面为草图平面，单击"草图绘制"，画一草图，尺寸如图 3-3 所示。

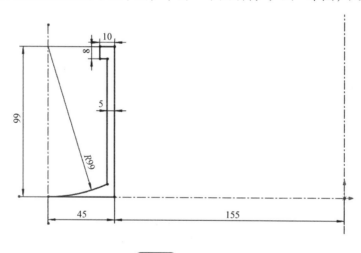

图 3-3　绘制草图

步骤 3　单击特征"旋转凸台"，方向 1"给定深度"，角度为"360.00 度"，如图 3-4 所示。然后单击左上角"√"确定。

步骤 4　选择右视基准面为草图平面，单击"草图绘制"，画一矩形草图，尺寸如图 3-5 所示。

步骤 5　单击特征"拉伸切除"，从"草图基准面"，方向 1"给定深度"，此处深度为180.00mm，如图 3-6 所示。然后单击"√"确定。

步骤 6　选择上表面为草图平面，单击"草图绘制"，绘制直径分别为 316mm、310mm 的两个圆，如图 3-7 所示。

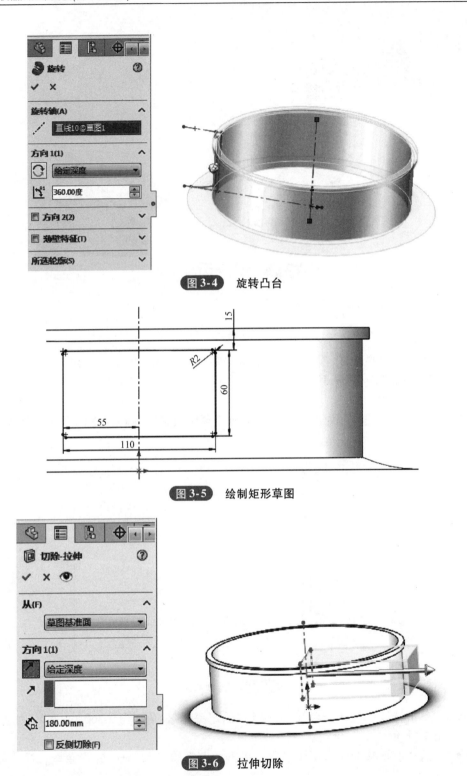

图3-4 旋转凸台

图3-5 绘制矩形草图

图3-6 拉伸切除

步骤7 单击特征"拉伸切除",从"草图基准面",方向1"给定深度",此处深度为3.00mm,如图3-8所示。

步骤8 单击特征"异形孔向导",在"类型"选项中,孔类型"旧制孔",在"位置"选项中,在圆环形上表面单击鼠标,如图3-9所示。

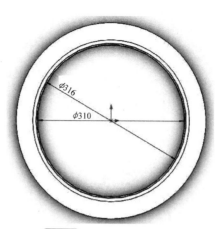

图 3-7 在上表面上画圆

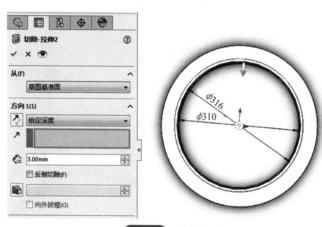

图 3-8 拉伸切除

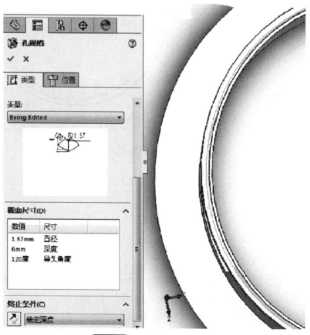

图 3-9 孔类型与位置设置

单击"确定"按钮,小孔如图3-10所示。

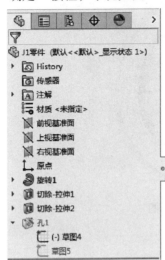

图 3-10 小孔

单击孔1,单击草图4(修改位置),单击"编辑草图",设该圆孔在水平中心线上,该圆孔距离圆心161.50mm,如图3-11所示。

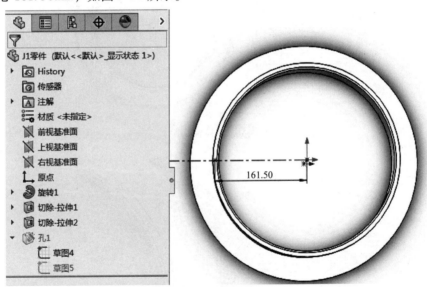

图 3-11 编辑草图4

单击草图5(修改形状),单击"编辑草图",设该圆孔直径1.57mm,深度6mm,锥角120°,如图3-12所示。

步骤9 单击特征"圆周阵列",参数中总角度"360.00度",数量为"36","等间距",如图3-13所示。

3. 绘制底平面

步骤10 选择上视基准面为草图平面,单击"草图绘制",绘制一个半径为250mm的圆弧,圆周阵列4个,如图3-14所示。然后单击"确定"按钮。

步骤11 单击特征"拉伸凸台",从"草图基准面",方向1"给定深度",此处深度为6.00mm,如图3-15所示。

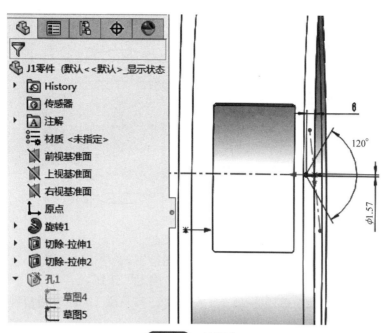

图 3-12　编辑草图 5

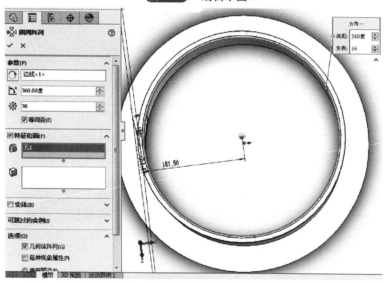

图 3-13　圆周阵列设置

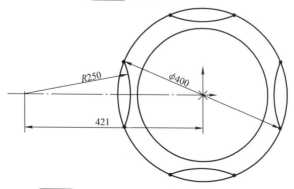

图 3-14　在上视基准面上画圆弧并圆周阵列

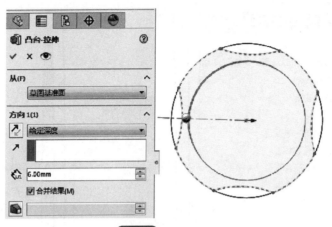

图 3-15　拉伸凸台

步骤 12　选择底平面为草图基准面，单击"草图绘制"，单击"转换实体引用"，选择图中各线条（高亮显示），如图 3-16 所示。然后单击"确定"按钮。

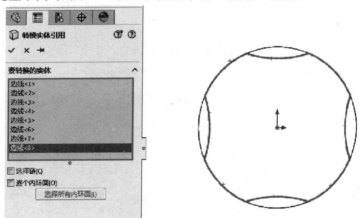

图 3-16　转换实体引用

步骤 13　单击特征"拉伸切除"，从"草图基准面"，方向 1"给定深度"，此处深度为10.00mm，同时选择"反侧切除"，如图 3-17 所示。然后单击"确定"按钮。

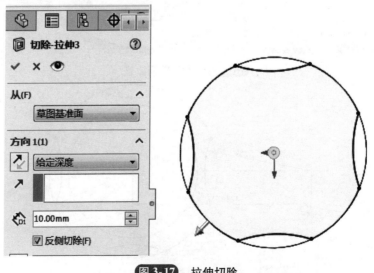

图 3-17　拉伸切除

步骤 14　选择底平面为草图基准面，单击"草图绘制"，画一个直径为 310mm 的圆，如图 3-18 所示。

步骤 15　单击特征"拉伸切除"，从"草图基准面"，方向 1"给定深度"，此处深度为 2.00mm，如图 3-19 所示。然后单击"确定"按钮。

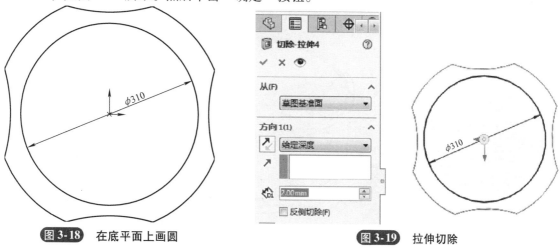

图 3-18　在底平面上画圆

图 3-19　拉伸切除

步骤 16　单击特征"圆角"，圆角项目"高亮显示曲线"，圆角参数为半径"2.00mm"，如图 3-20 所示。然后单击"确定"按钮。

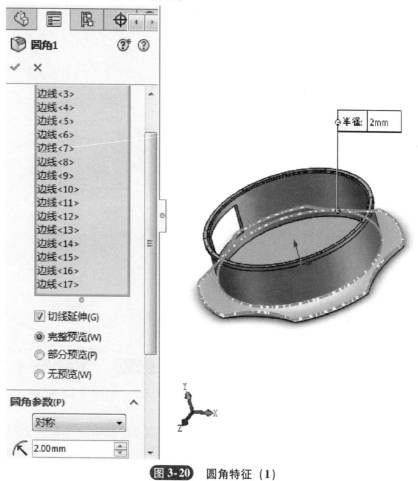

图 3-20　圆角特征（1）

步骤17 单击特征"圆角",圆角项目"高亮显示曲线",圆角参数为半径"20.00mm",如图3-21所示。

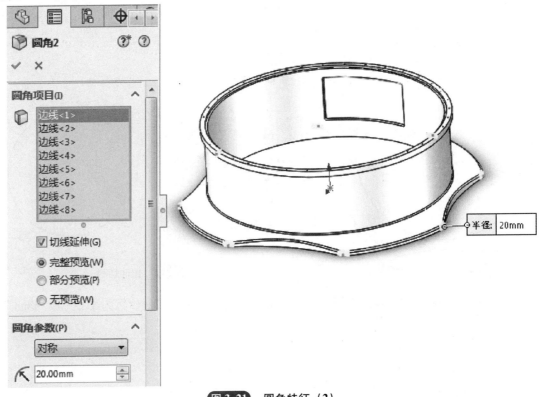

图3-21 圆角特征（2）

步骤18 选择底平面为草图基准面，单击"草图绘制"，画一个直径为17.50mm的圆，单击"圆周草图阵列"，圆周阵列4个；再画一个直径为8mm的圆，圆周阵列2个，如图3-22所示。然后单击"确定"按钮。

步骤19 单击特征"拉伸切除"，从"草图基准面"，方向1"给定深度"，此处深度为12.00mm，如图3-23所示。

步骤20 选择底平面为草图基准面，单击"草图绘制"，画一个直径为26mm的圆，与前面直径为17.50mm的圆同心，再圆周阵列4个，如图3-24所示。然后单击"确定"按钮。

步骤21 单击特征"拉伸切除"，从

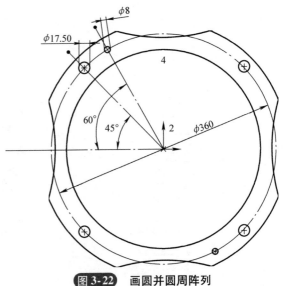

图3-22 画圆并圆周阵列

"等距6.00mm"，方向1"给定深度"，此处深度为10.00mm，如图3-25所示。

4. 绘制内腔曲体

步骤22 选择上视基准面为草图平面，单击"草图绘制"，绘制半径为20mm与半径为41mm的两圆弧，该两圆弧相切且圆心共线（在一直线上），再单击草图中"镜向"，完成另

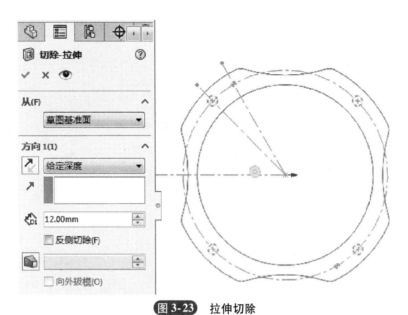

图 3-23　拉伸切除

一半草图，如图 3-26 所示。然后单击"确定"按钮。

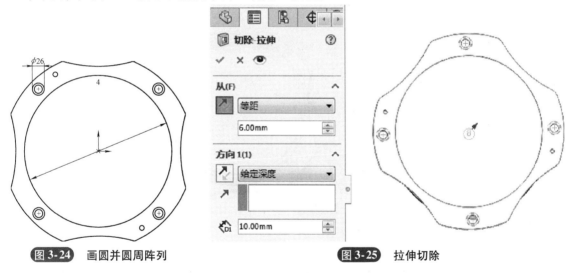

图 3-24　画圆并圆周阵列　　　　　　图 3-25　拉伸切除

步骤 23　单击特征"拉伸凸台"，从"草图基准面"，方向 1"给定深度"，此处深度为 92.00mm，如图 3-27 所示。然后单击"确定"按钮。

步骤 24　选择前视基准面为草图平面，单击"草图绘制"，草图轮廓及尺寸如图 3-28 所示。然后单击"确定"按钮。

步骤 25　单击特征"旋转切除"，方向 1"给定深度""360.00 度"，如图 3-29 所示。然后单击"确定"按钮。

步骤 26　单击特征"圆角"，圆角项目"高亮显示曲线"，圆角参数为半径"2.00mm"，如图 3-30 所示。然后单击"确定"按钮。

5. 绘制内腔固定板

步骤 27　选择前视基准面为草图平面，单击"草图绘制"，先画一个 12mm×90mm 的矩形，再画一个 12mm×60mm 的矩形，另一同尺寸矩形用镜向完成，如图 3-31 所示。然后单击"确定"按钮。

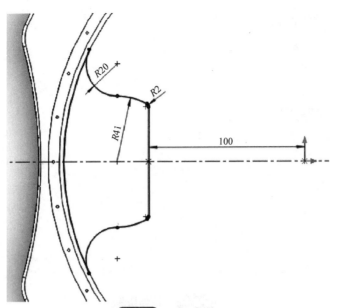

图 3-26　绘制草图

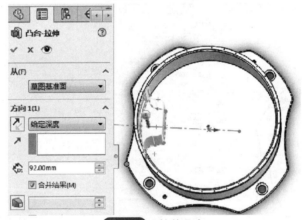

图 3-27　拉伸凸台

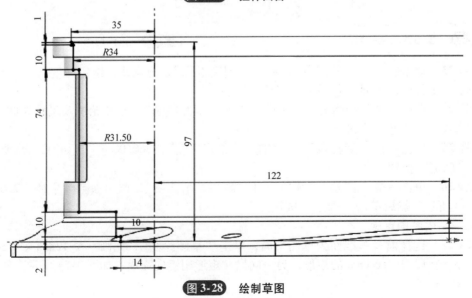

图 3-28　绘制草图

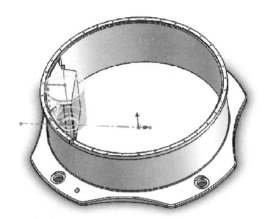

图 3-29　旋转切除

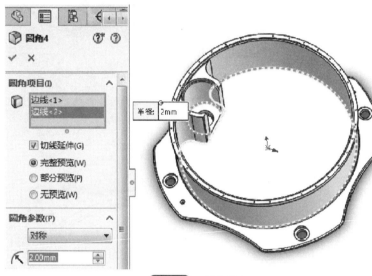

图 3-30　圆角特征

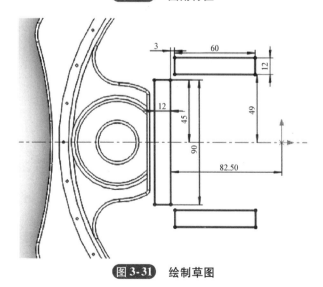

图 3-31　绘制草图

步骤 28　单击特征"拉伸凸台",从"草图基准面",方向 1"给定深度",此处深度为 4.00mm,如图 3-32 所示。然后单击"确定"按钮。

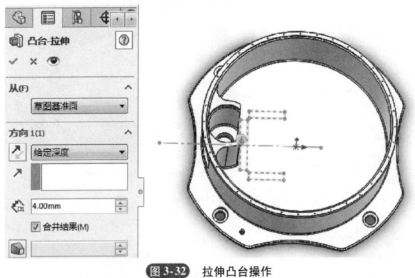

图 3-32　拉伸凸台操作

步骤 29　单击特征"异形孔向导",在"类型"中选择"孔",标准为"ANSI Metric",类型为"螺钉间隙";在矩形特征上表面单击鼠标左键,确定几个孔的位置,如图 3-33 所示。然后单击"确定"按钮。

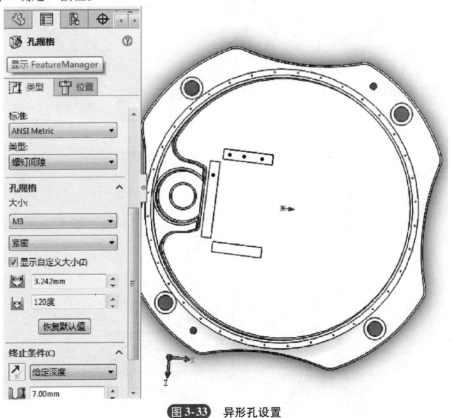

图 3-33　异形孔设置

单击 M3 间隙孔 2，单击草图 18（修改位置），单击"编辑草图"，四个圆孔位置尺寸如图 3-34 所示。

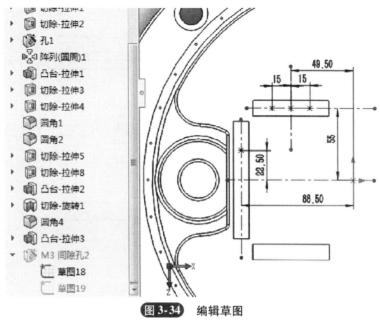

图 3-34　编辑草图

步骤 30　单击草图中的"镜向"，要镜向的实体为四个点（点 1 ~ 点 4），镜向点为水平中心线（直线 2），如图 3-35 所示。

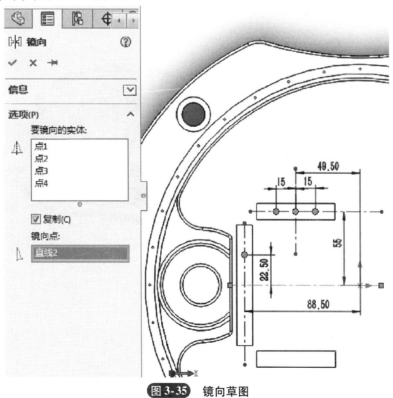

图 3-35　镜向草图

单击"确定"按钮，如图 3-36 所示。

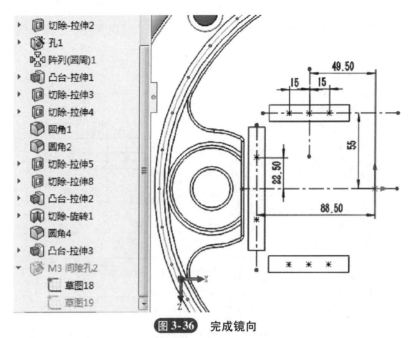

图 3-36 完成镜向

步骤 31 单击编辑外观,如图 3-37 所示。

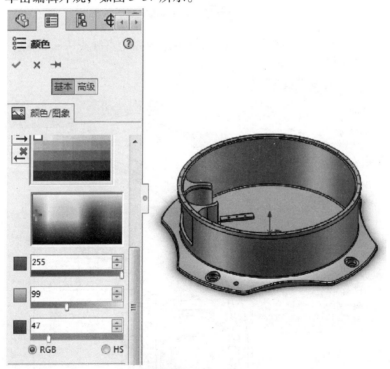

图 3-37 编辑外观

单击"确定"按钮,完成基座 J1 建模。

步骤 32 单击"保存",将该零件保存在指定文件夹。

3.1.3 小结

本任务是完成机器人基座(J1)零件建模,底座零件较简单,建模过程通过在不同面上新建草图,多次使用了旋转凸台、拉伸切除,异形孔向导、圆周阵列、拉伸凸台、圆角、镜向等特征，每个特征根据设计的不同要求，选择不同的参数与配置，以实现快速高效的零件建模。

3.2　大臂零件

本节学习要点：
◇ 了解大臂在工业机器人中的位置及功用。
◇ 设计大臂合理的建模步骤。
◇ 正确选择大臂建模中的基准面。
◇ 较熟练地绘制各草图。
◇ 根据草图确定各特征。
◇ 零件外观渲染。

3.2.1　任务引入

大臂壳体是整个大臂装配体的核心零件，大臂较小臂受力大，因此相对强度要求较高。大臂的一端通过电机的输出轴连接小臂，小臂可以绕大臂转动，大臂的另一端连接机座，大臂可以绕机座旋转。大臂（J3）在工业机器人中的位置如图 3-38 所示。

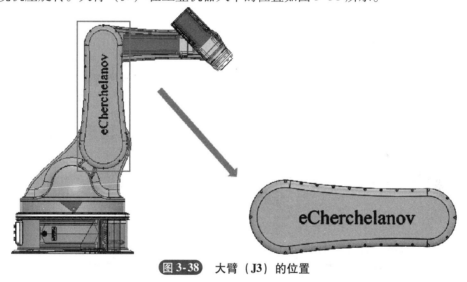

图 3-38　大臂（J3）的位置

3.2.2　大臂建模过程

大臂（J3）的臂长主要由工业机器人工作范围及内装电机尺寸确定。在进行大臂壳体设计时，轴孔的轴座壁进行了加厚并增设了隔板，提高了支承强度、刚度及稳定性。在内腔设计时，根据内腔需要按安装零件的形状、大小及安装方便进行设计。为提高强度，连接两端的外壳设计成内凹弧形结构。大臂壳体与其他零件固定时需要设计连接孔，通过连接孔固定或连接。大臂壳体的两端面均用盖板固定，为保证均匀受力，同时不降低局部强度，采用了多个小螺孔固定。

1. 新建零件

步骤 1　单击工具栏中的"新建"，单击"零件"图标，单击"确定"按钮，进入零件建模，将该零件命名为"大臂 . sldprt"，保存文件到指定文件夹。

2. 外部轮廓

步骤 2　选择前视基准面为草图平面，单击"草图绘制"，单击草图绘制工具栏中的"直线"→"点画线",绘制大臂壳体的对称中心线(中心线通过默认原点);单击草图绘制工具栏中的"圆弧""圆心起点终点画弧",绘制大臂壳体的两端轴座轮廓;单击草图绘制工具栏中的"圆弧""3点圆弧",绘制连接大臂壳体两端轴座的中间连接圆弧轮廓;单击"等距实体",绘制圆弧环,如图3-39所示。

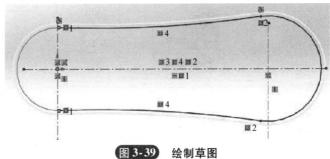

图3-39 绘制草图

步骤3 单击草图绘制工具栏中的"智能尺寸",标注"R55""R70""R1500"等圆弧尺寸,在标注等距实体时,弹出"修改"对话框中,等距实体尺寸为5.00mm,如图3-40所示。

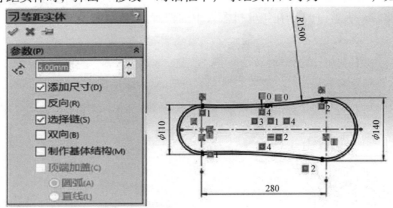

图3-40 标注尺寸

步骤4 单击"特征"工具栏中"拉伸凸台",从"草图基准面",方向1"给定深度",此处深度为58.00mm,如图3-41所示。然后单击"确定"按钮。

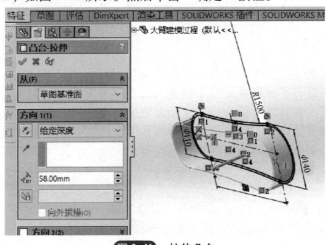

图3-41 拉伸凸台

3. 内部轴承座轮廓

步骤 5　选择前视基准面为草图平面，单击"草图绘制"，单击草图绘制工具栏中的"直线"，绘制竖直直线；单击"圆"，绘制两同心圆；单击"转换实体引用"，如图 3-42 所示。然后单击"确定"按钮。

步骤 6　单击"智能尺寸"，竖直线距中心（默认原点）的距离为 34mm，两同心圆直径分别为 φ45mm、φ63mm；单击草图绘制工具栏中的"剪裁实体"，在"剪裁"对话框中选择"强劲剪裁"，将多余线条剪裁掉，单击"确定"按钮，如图 3-43 所示。

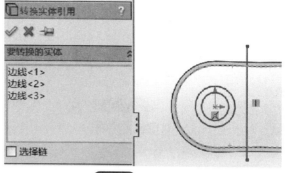

图 3-42　绘制草图

步骤 7　单击特征工具栏"拉伸凸台""等距，距离 4.00mm"，方向为"给定深度"，深度为"4mm"；轴座为"等距"，距离为"1mm"，方向为"给定深度"，深度为"10.00mm"，如图 3-44 所示。

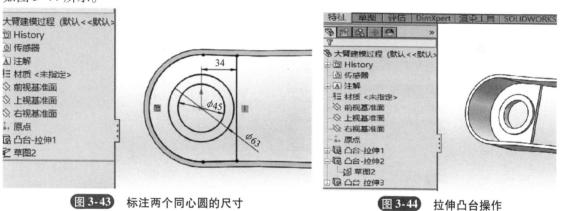

图 3-43　标注两个同心圆的尺寸　　　　**图 3-44**　拉伸凸台操作

4. 内部电机座轮廓

步骤 8　选择壳体另一端面作为绘制电机安装机座草图的基准面，单击草图绘制工具栏中的"边角矩形"命令按钮，绘制矩形，标注相应尺寸 55mm×12mm、定位尺寸 50mm 与 40mm 等；单击草图绘制工具栏中的"边角矩形"命令按钮，绘制矩形，标注相应尺寸 15mm×6mm、定位尺寸 20mm 及与上面矩形的一边共线；单击草图绘制工具栏中的"圆角"命令按钮，绘制圆角 R2.5mm，于是得到小臂壳体电机座截面草图，如图 3-45 所示。

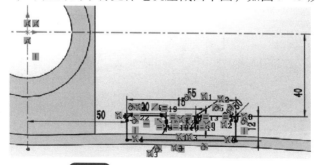

图 3-45　小臂壳体电机座截面草图

步骤 9　单击特征工具栏中"拉伸凸台/基体"，将电机座草图进行拉伸，偏离草图基面

3.00mm，拉伸深度为20.00mm，如图3-46所示。

电机座拉伸后的实体如图3-47所示。

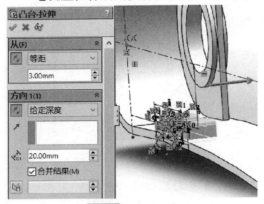

图 3-46 拉伸凸台

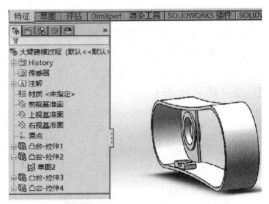

图 3-47 电机座拉伸后的实体

步骤10 单击特征工具栏中"镜向"命令按钮，打开设计树，选择"镜向面/基准面"为上视基面，"要镜向的特征"为凸台-拉伸4（电机座拉伸后的实体），进行特征镜向，如图3-48所示。

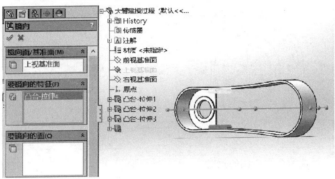

图 3-48 进行特征镜向

镜向后的电机座实体如图3-49所示。

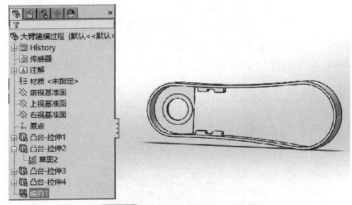

图 3-49 镜向后的电机座实体

步骤11 单击特征工具栏中的"圆角"按钮，对壳体进行圆角处理，圆角半径设为2.00mm，如图3-50所示。

步骤 12　壳体其他边线的圆角处理，半径分别为 10mm、6mm 和 3mm，如图 3-51 所示。

步骤 13　单击特征工具栏"圆角"中的"倒角"命令按钮，对壳体隔板处的轴座进行倒角处理，如图 3-52 所示。

5. 连接螺孔的创建

步骤 14　壳体电机座与电机安装面（任意一面）有 8 个 M4 的螺孔，采用异形孔向导特征建模，应用特征阵列将两个方向的螺孔建模，然后利用对称性，将另外的 4 个螺孔镜向到另一侧，镜向前先要作辅助基准面作为镜向的对称平面，完成 8 个 M4 螺孔的建模。异形孔向导的孔的类型与位置设置如图 3-53 所示。

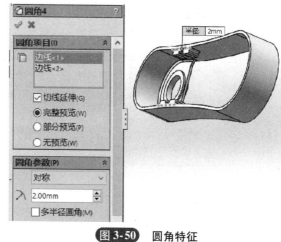

图 3-50　圆角特征

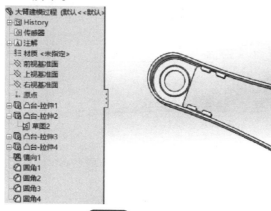

图 3-51　其他边线的圆角特征

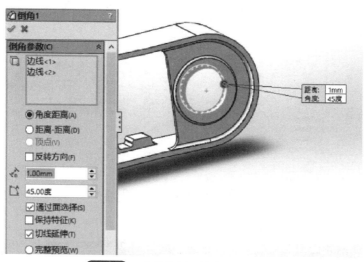

图 3-52　壳体隔板处轴座的倒角处理

步骤 15　螺孔两个方向的阵列，如图 3-54 所示。

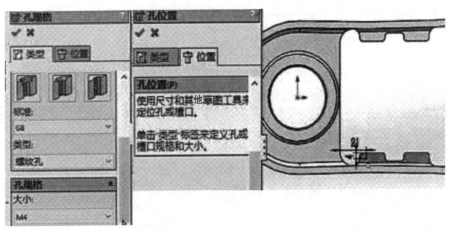

图 3-53　异形孔的类型与位置设置

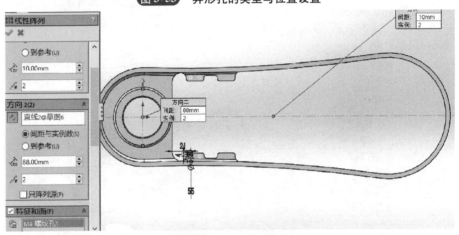

图 3-54　线性阵列操作

步骤 16　插入辅助基准平面，如图 3-55 所示。

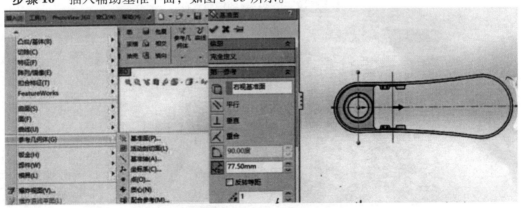

图 3-55　辅助基准平面的做法

步骤 17　实体镜向设置，如图 3-56 所示。

步骤 18　壳体两侧面与两盖板平面（任意一面）有 26 个 M3 的螺孔，采用异形孔向导特征，建模方法同前述，如图 3-57 所示。

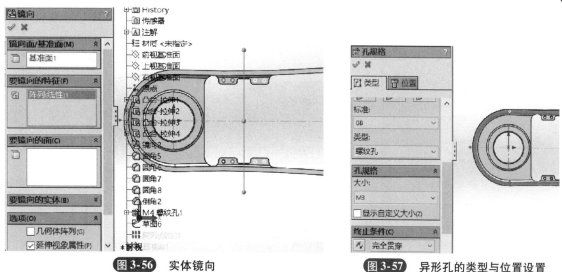

图 3-56　实体镜向　　　　　图 3-57　异形孔的类型与位置设置

步骤 19　将已做好的 M3 螺孔进行圆周阵列，注意跳过 6、7、8 孔的设置，如图 3-58 所示。

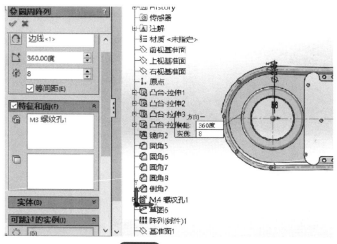

图 3-58　圆周阵列

步骤 20　另一端的做法与上述一样，中间过渡圆弧部分的螺孔将圆弧所包含的圆心角测量一下，进行等分，得到部分圆周螺孔圆周阵列的设置，如图 3-59 所示。

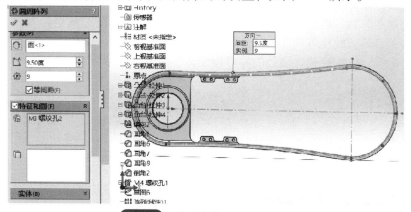

图 3-59　大臂壳体另一端的处理

步骤 21　利用对称性、镜向特征把 8 个螺孔镜向到另一侧，如图 3-60 所示。

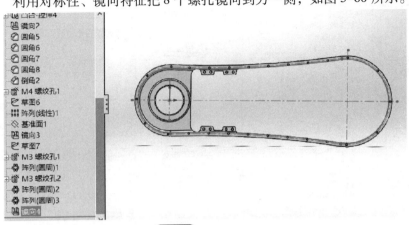

图 3-60　镜向处理

6. 润色装饰

步骤 22　对内外非加工表面赋予不同的颜色，机械加工表面给予金属感，如图 3-61 所示。

渲染后的零件效果如图 3-62 所示。

图 3-61　润色装饰

图 3-62　渲染后的零件效果

单击"确定"按钮，完成大臂壳体零件建模。

步骤 23　单击"保存"，将该零件保存在指定文件夹。

3.2.3　小结

本任务是完成机器人大臂（J3）零件建模，大臂是比较复杂的零件，在建模中，草图工具主要有：直线、矩形、圆、圆弧、等距线、剪裁实体、镜向实体、转换实体引用、线性草图阵列、圆周草图阵列，以及几何关系约束和尺寸标注等。特征工具主要有拉伸、异形孔向导、圆角、抽壳、筋、线性阵列、圆周阵列和镜向等。每个特征根据设计的不同要求，选择不同的参数与配置，以实现快速高效的零件建模。

3.3　小臂零件

本节学习要点：

◇ 了解小臂在工业机器人中的位置及功用。

◇ 设计小臂合理的建模步骤。

◇ 正确选择小臂建模中的基准面。

◇ 较熟练地绘制各草图。

◇ 根据草图确定各特征。

◇ 零件外观渲染。

3.3.1 任务引入

小臂（J4）一端连接手腕（J6），手腕绕小臂一端的轴转动，小臂的另一端连接大臂（J3），小臂的另一端绕大臂转动。小臂零件既属于叉架类零件（因为小臂的两端安装着传动轴，两轴间便是臂膀），也属于箱体类零件，在小臂型腔中间安装着电机、减速机等。小臂（J4）在工业机器人中的位置如图 3-63 所示。

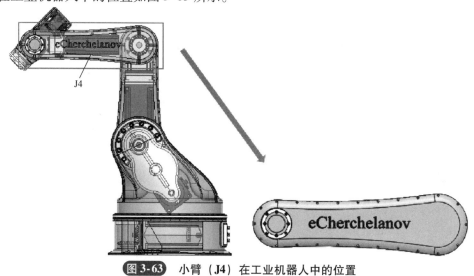

图 3-63 小臂（J4）在工业机器人中的位置

3.3.2 小臂建模过程

在进行小臂设计时，对轴孔的轴座壁进行了加厚并增设了凸台，在靠近大臂端处设置了加强筋以提高支承强度、刚度及稳定性。在内腔设计时，根据内腔需要安装零件的形状、大小及安装方便进行设计，为提高强度连接，两轴座的外壳设计成内凹弧形结构。小臂壳体与其他零件固定时需要设计连接孔，通过连接孔固定或连接。不同型号及不同功能的机器人在设计时，小臂结构形式会略有不同。

1. 新建零件

步骤 1 新建零件命名为"小臂.sldprt"，保存文件到指定文件夹。

2. 外部轮廓

步骤 2 选择前视基准面作为草图绘制平面，单击草图绘制工具栏中"直线"中的"点画线"命令按钮，绘制小臂壳体的对称中心线（中心线通过默认原点）。单击草图绘制工具栏"圆弧"中的"圆心起点终点画弧"命令按钮，绘制小臂壳体的两端轴座轮廓及中间连接圆弧轮廓，如图 3-64 所示。

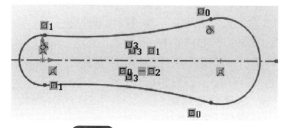

图 3-64 绘制小臂壳体轮廓

步骤 3 单击草图绘制工具栏中的"智能尺寸"命令按钮，对圆弧尺寸进行标注，定义草图各尺寸，如图 3-65 所示。

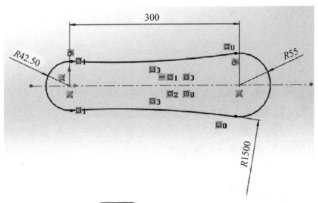

图 3-65　圆弧尺寸标注

步骤 4　单击"特征"工具栏中的"拉伸凸台/基体"按钮，在左侧的设计树中出现"拉伸"对话框中，从"草图基准面"，方向 1"给定深度"，此处深度为 48.00mm。此时在绘图区域出现拉伸的实体预览，如图 3-66 所示。

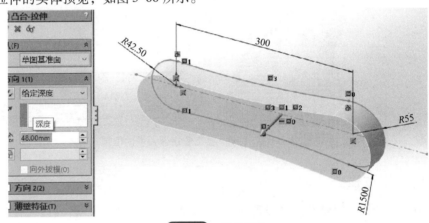

图 3-66　拉伸实体

步骤 5　单击"拉伸"对话框中的确定按钮或右上角中的确认按钮，得到如图 3-67 所示拉伸后的实体。

3. 内部轮廓

步骤 6　单击"特征"工具栏中的"抽壳"按钮，参数为厚度"10.00mm"，如图 3-68 所示。

单击"确定"按钮，完成小臂壳体的内腔创建，如图 3-69 所示。

4. 底面特征创建

图 3-67　拉伸后的实体

步骤 7　选择壳体底面作为绘制小臂安装机座草图的基准面，单击草图绘制工具栏中的"中心矩形"按钮，标注相应尺寸 58mm、26.80mm、24mm 等。单击草图绘制工具栏中的"圆角"按钮，绘制圆角 R2.5mm，完成小臂安装机座截面草图，如图 3-70 所示。

步骤 8　单击草图绘制工具栏中的"镜向"命令按钮，将草图镜向到另一侧，如图 3-71 所示。

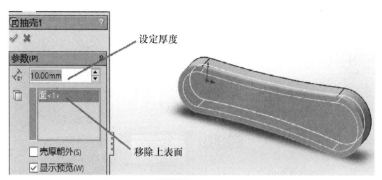

图 3-68 抽壳

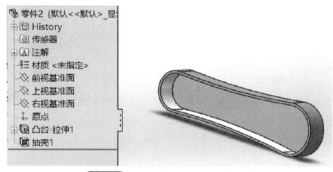

图 3-69 小臂壳体内腔创建完成

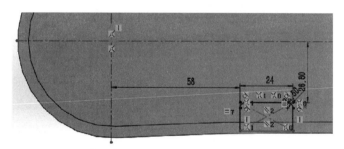

图 3-70 小臂安装机座截面草图

步骤 9 单击特征工具栏中的"拉伸凸台"命令按钮,将电机座草图进行拉伸,拉伸深度为 17mm,如图 3-72 所示。

步骤 10 选择壳体内侧底面作为绘制手腕端轴座草图的基准面,单击草图绘制工具栏中的"圆"命令按钮,标注相应尺寸 φ56mm,得到手腕端轴座截面的部分草图,如图 3-73 所示。

步骤 11 单击特征工具栏中的"拉伸凸台"命令按钮,从"等距7.00mm",方向 1"给定深度",此处深度为 9.00mm,如图 3-74 所示。

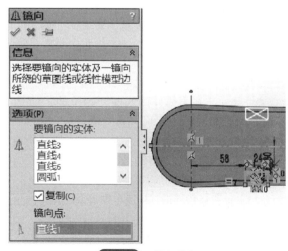

图 3-71 镜向特征

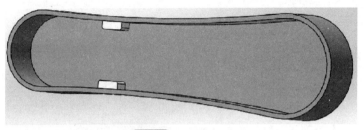

图 3-72　拉伸凸台

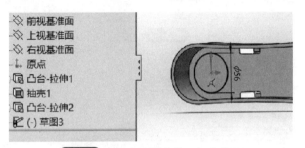

图 3-73　手腕端轴座截面部分草图

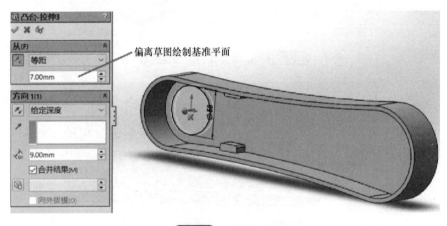

图 3-74　拉伸凸台

步骤 12　选择壳体外侧底面作为绘制小臂端轴座草图的基准面，单击草图绘制工具栏中的"圆"命令按钮，标注相应尺寸 ϕ56mm，得到小臂端轴座截面的部分草图，如图 3-75 所示。

步骤 13　单击特征工具栏中的"拉伸凸台"命令按钮，将小臂端轴座草图进行拉伸，拉伸时注意凸台并非在壳体外侧底面开始拉伸，而是需要偏离草图绘制平面 2.00mm 开始拉伸，拉伸深度为 22.00mm，如图 3-76 所示。

步骤 14　选择壳体与盖板安装面作为绘制所有安装孔（盖板安装孔、电机固定安装孔及两端轴座安装孔等）及两端轴孔草图的基准面，单击草图绘制工具栏中的"圆"命令按钮，绘制一系列的圆，标注相应尺寸分别为 ϕ1.6mm、ϕ2mm、ϕ2.4mm、ϕ4.5mm，两轴座孔尺寸分别为 ϕ44mm 和 ϕ40mm，得到小臂壳体加工孔前的孔的草图，如图 3-77 所示。

步骤 15　单击特征工具栏中的"拉伸切除"命令按钮，将小臂壳体上孔分别进行拉伸切除，先切除壳体与盖板的连接孔，弹出对话框，选择给定深度为 15.00mm，共 10 个，如图 3-78所示。

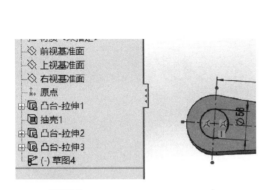

图 3-75　小臂端轴座截面部分草图

图 3-76　拉伸凸台

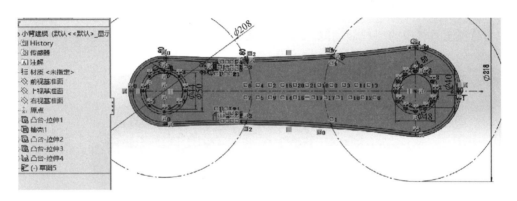

图 3-77　小臂壳体加工草图

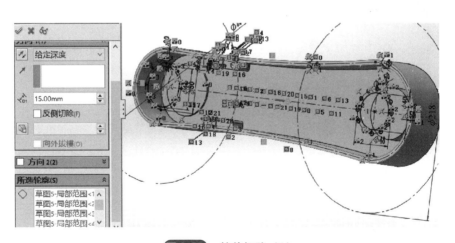

图 3-78　拉伸切除（1）

　　步骤 16　单击设计树中的"拉伸切除"激活草图，将小臂壳体上电机固定孔进行拉伸切除，单击特征工具栏中的"拉伸切除"命令按钮，弹出对话框，选择给定深度为 35.00mm，两侧共 8 个，如图 3-79 所示。单击"确定"按钮。

　　步骤 17　单击设计树中的"拉伸切除"激活草图，将小臂壳体上电机固定孔进行拉伸切

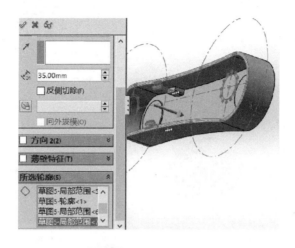

图 3-79 拉伸切除（2）

除，单击特征工具栏中的"拉伸切除"命令按钮，弹出对话框，选择完全贯穿共 22 个，如图 3-80 所示。

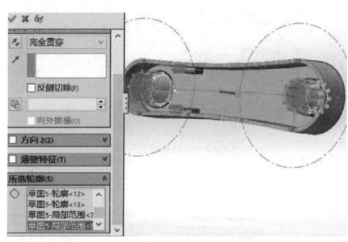

图 3-80 拉伸切除（3）

单击"确定"按钮，如图 3-81 所示。

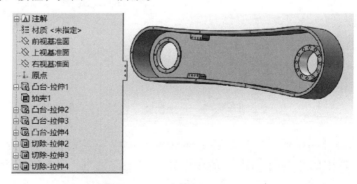

图 3-81 底面特征创建完毕的机座

5．其他特征创建

（1）加强筋

步骤 18 选择上视基面绘制草图，单击特征工具栏中的"筋"命令按钮，单击"筋"弹出对话框，输入筋厚度 5.00mm，如图 3-82 所示。

单击确认，如图 3-83 所示。

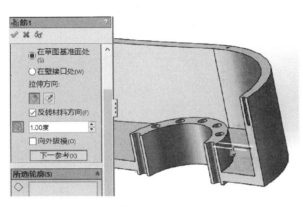

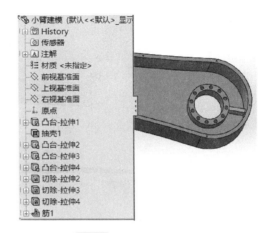

图 3-82 加强筋设置

图 3-83 完成一个加强筋

步骤 19 单击特征工具栏"线性阵列"中的"圆周阵列"按钮，对加强筋进行特征圆周阵列，圆周阵列按四块筋均匀分布，但实际上由于受安装电机的影响，中间有一块筋是不能存在的，为此应用圆周阵列中的可跳过实例，如图 3-84 所示。

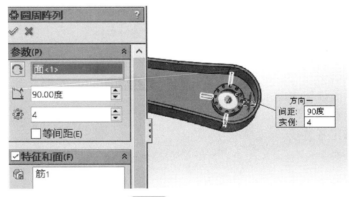

图 3-84 圆周阵列

（2）圆角特征

步骤 20 单击特征工具栏中的"圆角"命令按钮，对壳体进行圆角处理，如图 3-85 所示。

（3）倒角特征

步骤 21 单击特征工具栏"圆角"中的"倒角"命令按钮，对壳体轴座进行倒角处理。

单击确认，完成小臂壳体零件建模，如图 3-86 所示。

图 3-85 圆角特征

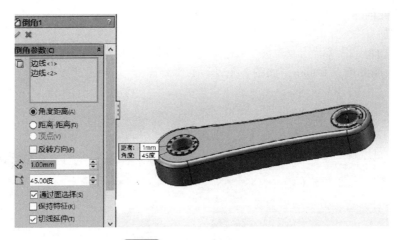

图 3-86 完成建模的小臂零件

步骤 22 单击"保存",将该零件保存在指定文件夹。

3.3.3 小结

本任务是完成机器人小臂（J4）零件建模，小臂是比较复杂的零件，建模过程使用了草图等距，多次使用了抽壳、镜向、拉伸凸台、拉伸切除、筋、圆周阵列、圆角、导角特征，每个特征根据设计的不同要求，选择不同的参数与配置，以实现快速高效的零件建模。

3.4 手腕零件

本节学习要点：
◇ 了解手腕在工业机器人中的位置及功用。
◇ 设计手腕合理的建模步骤。
◇ 正确选择手腕建模中的基准面。
◇ 较熟练地绘制各草图。
◇ 根据草图确定各特征。
◇ 零件外观编辑。

3.4.1 任务引入

手腕（J6）是连接手臂和末端执行器的部件，本手腕实现末端执行器在空间上 2 个自由度的运动，手腕整体通过轴承与小臂 J4 相连接，可以实现俯仰运动。手腕（J6）驱动机构连接减速行星齿轮机构，行星减速齿轮机构的花键连接轴承，实现轴承的自转运动。手腕（J6）在工业机器人中的位置如图 3-87 所示。

3.4.2 手腕建模过程

1. 手腕零件分析

手腕零件是由两个零件组装成的装配体 Js（保存为零件），如图 3-88a 所示。我们将这两个零件称为零件 Js1、零件 Js2。这两个零件结构类似，其中，零件 Js1 建模较为简单，Js1 主要特征有拉伸凸台、拉伸切除、抽壳、放样和圆角。零件 Js2 可以由零件 Js1 修改得到。

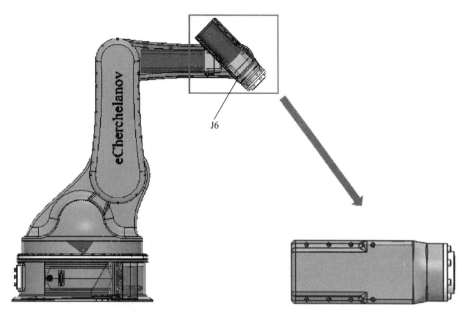

图 3-87 手腕（J6）在工业机器人中的位置

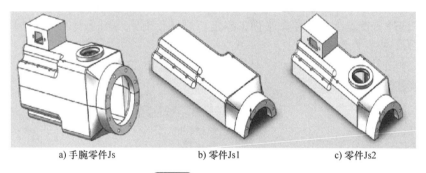

a) 手腕零件Js   b) 零件Js1   c) 零件Js2

图 3-88 手腕零件分析

2. 零件 Js1 建模过程

步骤 1 新建零件，命名为"手腕 1. sldprt"，保存文件到指定文件夹。

步骤 2 选择前视基准面为草图平面，单击"草图绘制"，画一个 154mm × 36mm 的矩形，如图 3-89 所示。

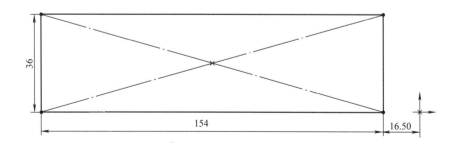

图 3-89 绘制矩形草图

步骤3 单击特征"拉伸凸台",从"草图基准面",方向"两侧对称"此处深度为72.00mm,如图3-90所示。

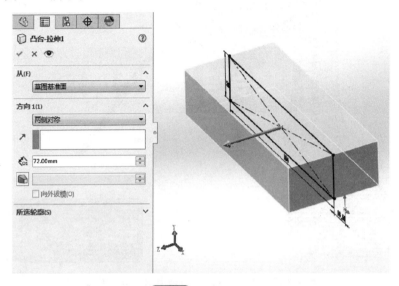

图 3-90 拉伸凸台

步骤4 选择右视基准面为草图平面,单击"草图绘制",绘制一个半径为33mm的半圆,如图3-91所示。

步骤5 单击特征"拉伸凸台",从"草图基准面",方向1"给定深度",此处深度为19.95mm,如图3-92所示。

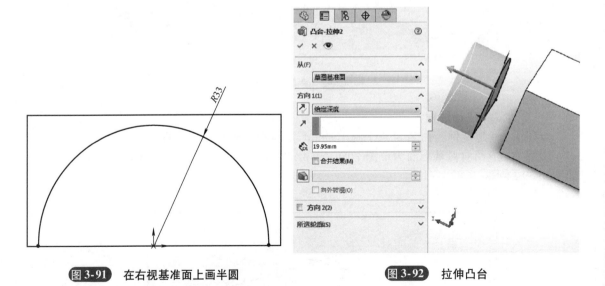

图 3-91 在右视基准面上画半圆　　　　图 3-92 拉伸凸台

步骤6 绘制放样轮廓草图及参考草图。选择凸台1的面(高亮显示)为草图平面,单击"草图绘制",单击"转换实体引用",得到第一个轮廓草图(见图3-93a)。选中凸台2的面为草图平面,单击绘制草图,单击"转换实体引用",得到第二个轮廓草图(见图3-93b)。选择上视基准面为草图平面,绘制第三个草图(见图3-93c),如图3-93所示。

步骤7 单击菜单栏"插入"—"凸台/基体"—"放样",轮廓选择"草图3"

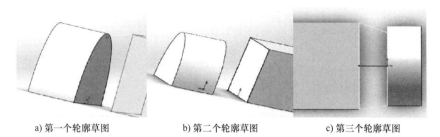

a) 第一个轮廓草图　　　　b) 第二个轮廓草图　　　　c) 第三个轮廓草图

图 3-93　绘制放样轮廓草图及参考草图

（图 3-93a）、"草图 4"（图 3-93b），引导线为"到下一引线"，"草图 5"（图 3-93c），如图 3-94 所示。

单击"确定"按钮。

步骤 8　选择凸台 1 的底面为草图基准面，绘制两个正方形，如图 3-95 所示。

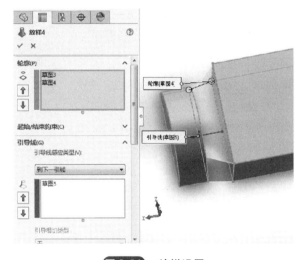

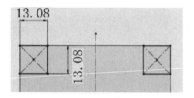

图 3-94　放样设置　　　　　　　　　　**图 3-95**　绘制正方形草图

步骤 9　单击特征"拉伸切除"，从"草图基准面"，方向 1"给定深度"，此处深度为 89.00mm，如图 3-96 所示。

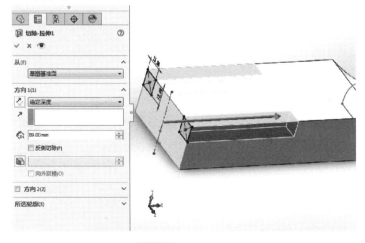

图 3-96　拉伸切除

步骤 10 单击特征"圆角",圆角参数为半径"5.00mm",如图 3-97 所示。

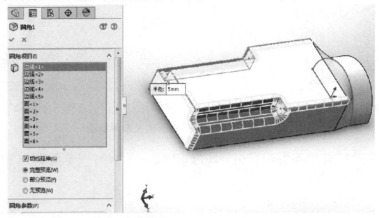

图 3-97 圆角特征（1）

步骤 11 单击特征"圆角",圆角参数为半径"3.00mm",如图 3-98 所示。

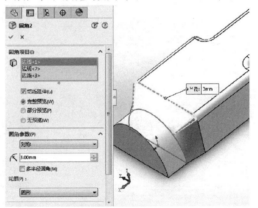

图 3-98 圆角特征（2）

步骤 12 单击特征"圆角",圆角参数为半径"3.00mm",如图 3-99 所示。

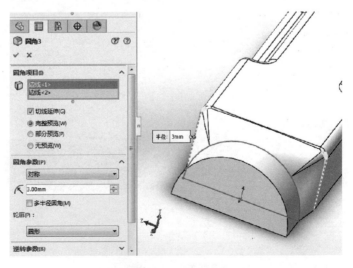

图 3-99 圆角特征（3）

步骤 13　单击特征"抽壳",参数为厚度"2.00mm",如图 3-100 所示。

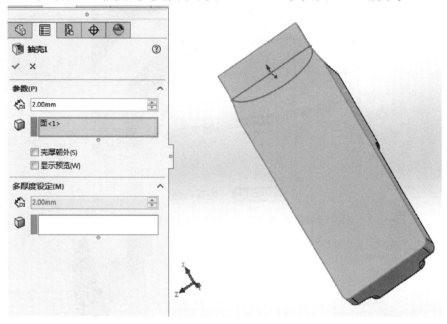

图 3-100　抽壳设置

步骤 14　选择前视基准面为草图平面,绘制一草图,如图 3-101 所示。

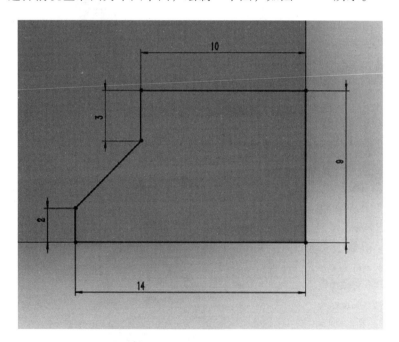

图 3-101　在前视基准面上绘制草图

步骤 15　单击特征"旋转凸台",如图 3-102 所示。

步骤 16　选择壳体表面(高亮)为草图平面,单击"草图绘制",单击"转换实体引用",得到一个半圆形草图,再单击"拉伸切除"特征,如图 3-103 所示。

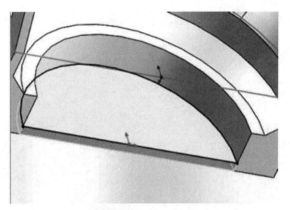

图 3-102 旋转凸台

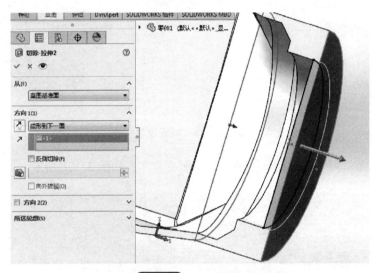

图 3-103 拉伸切除

步骤 17 选择一侧面为草图基准面,画一矩形草图,如图 3-104 所示。

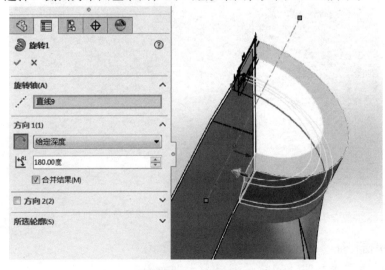

图 3-104 绘制矩形草图

步骤 18　选择上表面为草图基准面，绘制草图，如图 3-105 所示。

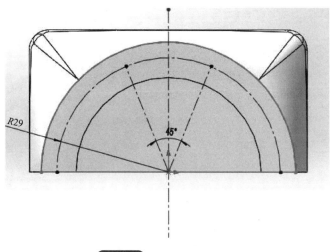

图 3-105　绘制半圆弧草图

步骤 19　单击"异形孔导向"，设定孔规格。孔类型为"孔"；孔规格为 M42，自定大小，其中孔直径为 3.24mm，锥度为 120°，孔深度为 9mm，如图 3-106 所示。

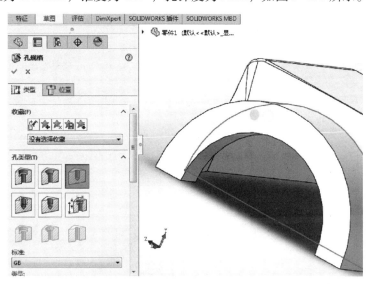

图 3-106　异形孔类型与规格设置

步骤 20　单击"圆周阵列"特征，其中，实例数为"8"个，如图 3-107 所示。

步骤 21　选择上视基准面为草图平面，绘制草图，如图 3-108 所示。

步骤 22　单击"拉伸凸台"特征，从"草图基准面"，方向 1"成形到下一面"，如图 3-109 所示。

步骤 23　单击"圆角"，圆角半径为 3.00mm，如图 3-110 所示。

步骤 24　单击"异形孔向导"，单击选中面，插入异形孔。孔类型为柱形沉头孔，孔规格为 M1.6，自定义大小，其中通孔直径为 2mm，柱形沉头孔直径为 4mm，柱形沉头孔深度为 22.1mm，终止条件为成形到下一面，如图 3-111 所示。

步骤 25　单击"异形孔向导"，单击选中面，插入异形孔。孔类型为柱形沉头孔，孔规

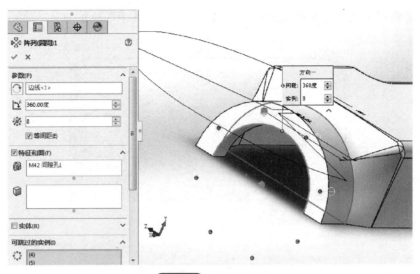

图 3-107 圆周阵列

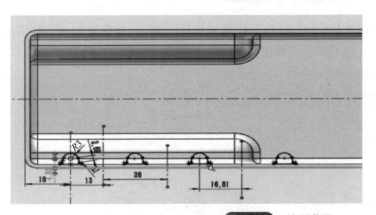

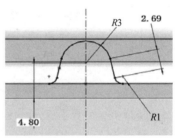

图 3-108 绘制草图

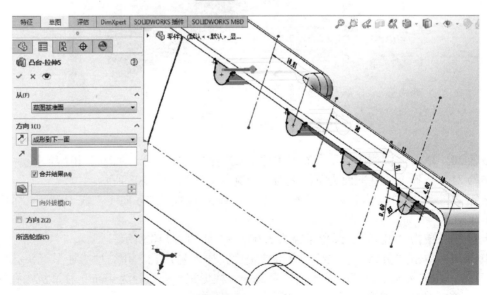

图 3-109 拉伸凸台

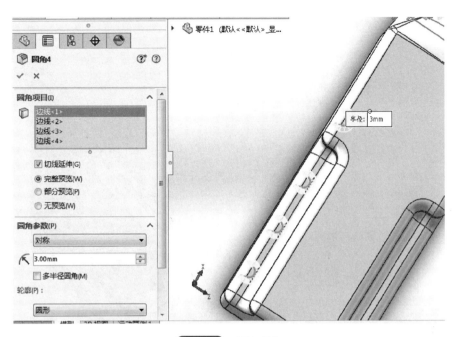

图 3-110 圆角特征

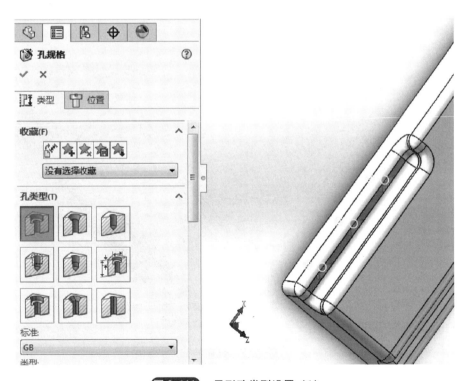

图 3-111 异形孔类型设置（1）

格为 M1.6，自定义大小，其中通孔直径为 2mm，柱形沉头孔直径为 4mm，柱形沉头孔深度为 28mm，终止条件为成形到下一面，如图 3-112 所示。

步骤 26 单击镜向实体，拉伸凸台 5、M1.6 六角头螺栓的柱形沉头孔 2、M1.6 六角头螺栓的柱形沉头孔 3，圆角 4，如图 3-113 所示。

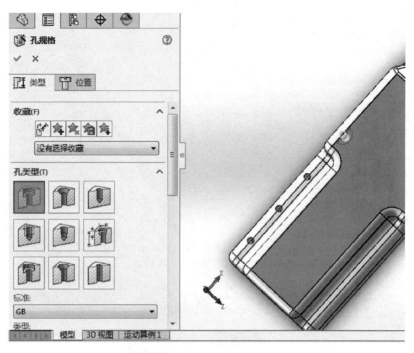

图 3-112　异形孔类型设置（2）

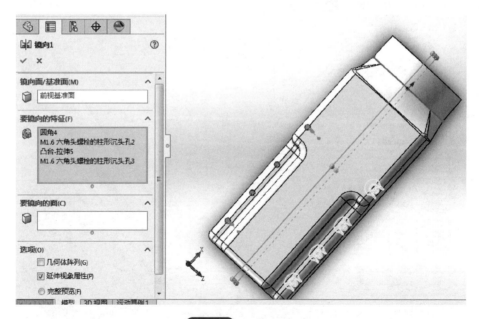

图 3-113　镜向特征

单击"确定"按钮，完成手腕 1 零件建模，如图 3-114 所示。

3. 手腕 2 零件建模

手腕 2 与手腕 1 相似，比手腕 1 复杂，可以在已经建模的简单零件上修改得到较为复杂的零件。单击打开"手腕 1. sldprt"，将该零件另存为"手腕 2. sldprt"，再对该零件进行编辑与修改。

步骤27　将控制棒拖到切除拉伸 1 处，选中凸台 1 的面，绘制一个矩形草图，如图 3-115 所示。

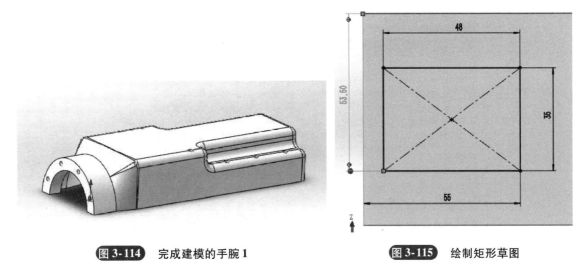

图 3-114　完成建模的手腕 1　　　　　　　**图 3-115**　绘制矩形草图

步骤28　单击特征"拉伸凸台"，从"草图基准面"，方向 1"给定深度"，此处深度为 20.00mm，如图 3-116 所示。

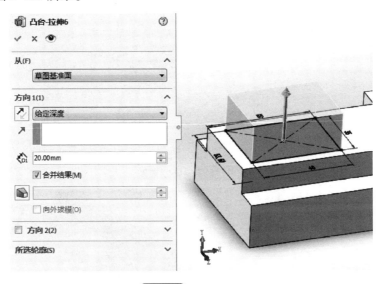

图 3-116　拉伸凸台

步骤29　将退回控制棒拖到最下端，单击"圆角"，半径为 2.00mm，如图 3-117 所示。

步骤30　选中凸台 6 的面，绘制草图，如图 3-118 所示。

步骤31　单击"拉伸切除"，从"草图基准面"，方向 1"成形到下一面"，如图 3-119 所示。

步骤32　选中凸台 1 的面，单击"绘制草图"，圆孔直径为 1.78mm，圆周阵列 8 个，如图 3-120 所示。

步骤33　通过拉伸草图 22 的局部范围得到凸台，并设定拉伸给定深度为 4.00mm，如图 3-121 所示。

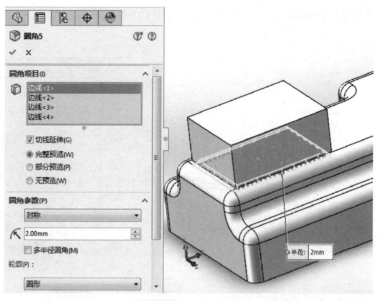

图 3-117　圆角处理

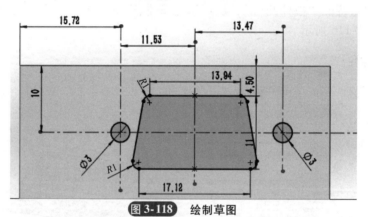

图 3-118　绘制草图

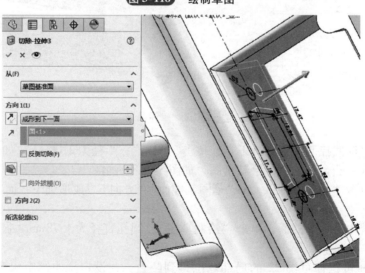

图 3-119　拉伸切除

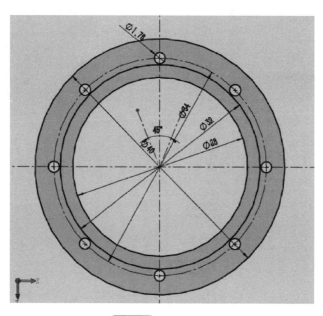

图 3-120　绘制草图

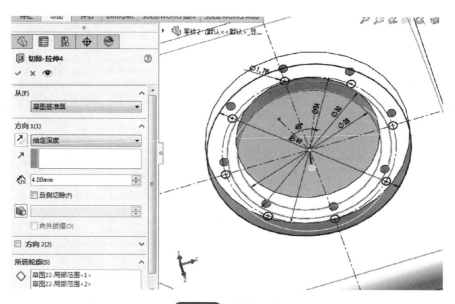

图 3-121　拉伸凸台

步骤 34　单击"圆角",圆角半径为 0.50mm,如图 3-122 所示。

步骤 35　单击"倒角",倒角距离为 0.50mm,倒角度数为 45°,如图 3-123 所示。

步骤 36　选中壳体内面为草图基准面,绘制一矩形草图,如图 3-124 所示。

步骤 37　单击"圆角",圆角半径为 0.50mm,如图 3-125 所示。

步骤 38　选中凸台 7 的面,绘制中心线草图,如图 3-126 所示。

步骤 39　单击"异形孔向导",选中凸台 7 的面插入孔 1。孔 1 直径为 1.57mm,深度为 6.00mm,倒头角度为 120°,如图 3-127 所示。

步骤 40　在设计树上选中凸台 8、圆角 7、孔 1,单击"镜向",将这三个特征关于前视

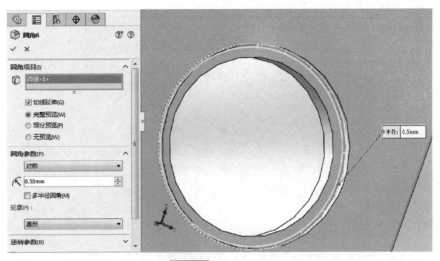

图 3-122 圆角处理

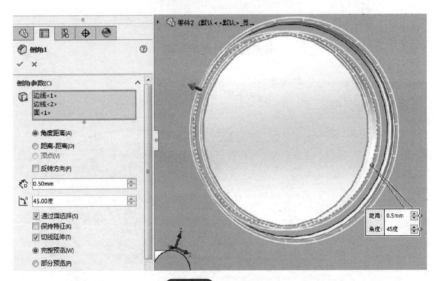

图 3-123 倒角处理

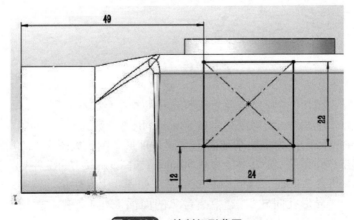

图 3-124 绘制矩形草图

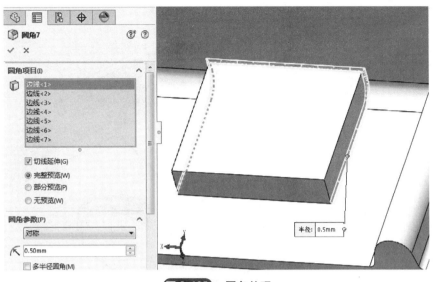

图 3-125　圆角处理

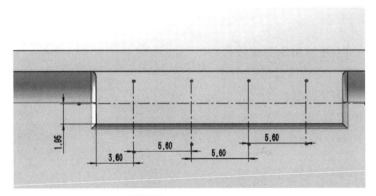

图 3-126　绘制中心线草图

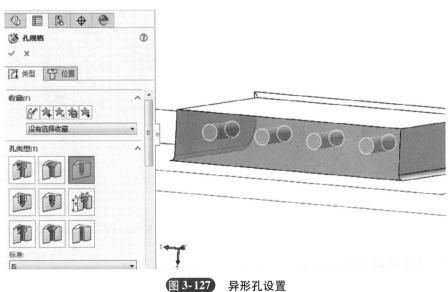

图 3-127　异形孔设置

基准面镜向，得到镜向2特征，如图 3-128 所示。

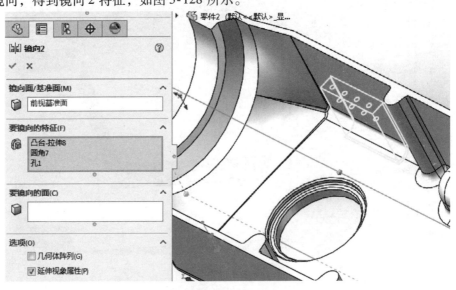

图 3-128　镜向特征

步骤 41　完成 M1.6 六角头螺栓的柱形沉头孔 2，M1.6 六角头螺栓的柱形沉头孔 3 的镜向特征，如图 3-129 所示。

步骤 42　选择上表面，绘制一个圆形草图，圆直径为 2mm，线性阵列 8 个，如图 3-130 所示。

步骤 43　通过拉伸切除草图 29 得到切除特征 5，如图 3-131 所示。

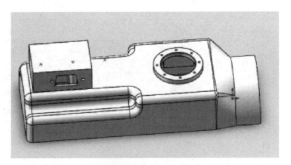

图 3-129　完成镜向

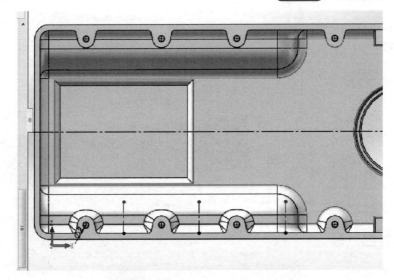

图 3-130　绘制圆形草图并线性阵列

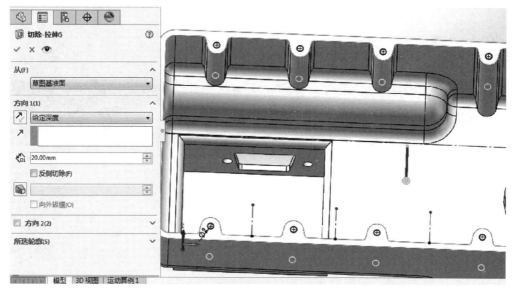

图 3-131　拉伸切除

单击"确定"按钮，完成手腕 2 零件建模完成，如图 3-132 所示。

步骤 44　新建装配体，保存为"手腕 . sldasm"。

步骤 45　插入手腕 1、手腕 2 零件，设定两个零件间接的配合关系为同心、端面重合、侧面重合，完成手腕的装配，如图 3-133 所示。

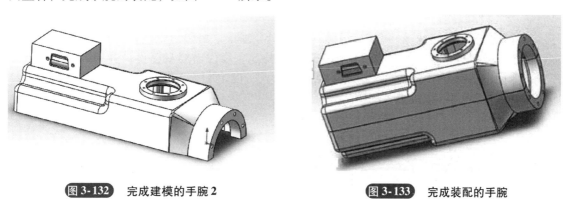

图 3-132　完成建模的手腕 2　　　　　　　　图 3-133　完成装配的手腕

步骤 46　单击"保存"，将该零部件保存到指定文件夹。

3. 4. 3　小结

手腕是个复杂零件，建模过程中多次使用了拉伸凸台、拉伸切除、镜向、圆周阵列和导角等特征，每个特征根据设计的不同要求，选择不同的参数与配置，以实现快速高效的零件建模。通过小臂壳体零件的建模，介绍了如何创建草图，绘制草图基准平面的选择，草图工具命令的应用方法，对草图进行尺寸标注及设置几何约束等操作。重点介绍特征命令的使用方法及建模的基本方法。

第 4 章

Chapter 4

典型部件装配体

4.1 千斤顶装配体

课前导读

本节学习要点：
◇ 了解千斤顶装配体的结构组成。
◇ 掌握千斤顶装配体的装配顺序。
◇ 掌握装配常用的特征指令。
◇ 掌握标准件的插入与选择。
◇ 掌握爆炸视图的创建。
◇ 掌握视图动画的创建。

4.1.1 任务引入

千斤顶装配体的组成零件有 7 个，分别是底座、螺套、螺钉（2 个）、螺旋杆、顶垫和铰杠，其中 2 个螺钉是标准件，可以直接选用，另外 5 个零件需要自己设计并完成建模。千斤顶装配体设定底座是固定零件，其他零件依次插入，设定配合关系，完成装配任务。图 4-1 所示为千斤顶装配体爆炸工程图。

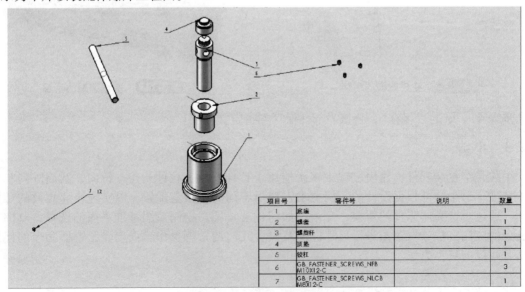

项目号	零件号	说明	数量
1	底座		1
2	螺套		1
3	螺旋杆		1
4	顶垫		1
5	铰杠		1
6	GB_FASTENER_SCREWS_NFB M10X12-C		3
7	GB_FASTENER_SCREWS_NLCB M6X12-C		1

图4-1 千斤顶装配体爆炸工程图

4.1.2　千斤顶装配过程

步骤 1　打开 SolidWorks 软件，新建一个装配体文件，命名为"千斤顶装配体 . sldasm"。
步骤 2　在装配体中，单击"插入零部件"，浏览底座所在文件夹并单击打开，如图 4-2 所示。

图 4-2　插入底座

单击左上角"√"，完成底座放置。注意：此时，装配体原点与底座原点重合。若在装配体中插入第一个零件时，单击鼠标左键确定，装配体原点与第一个零件原点不重合，需要手动设定才能达到重合。

步骤 3　以同样的方法插入零件螺套，如图 4-3 所示。

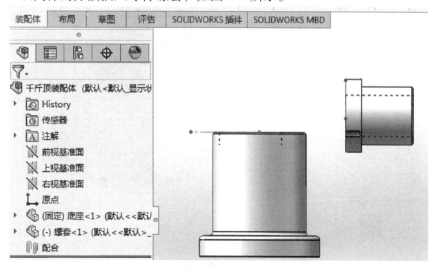

图 4-3　插入螺套

设定底座与螺套的配合关系。

（1）底座内孔与螺套外表面的配合关系设为同轴心，如图4-4所示。

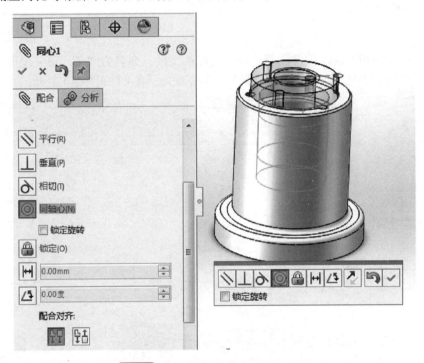

图4-4　底座与螺套的配合关系（1）

（2）底座上端面与螺套一端面的配合关系设为重合，如图4-5所示。

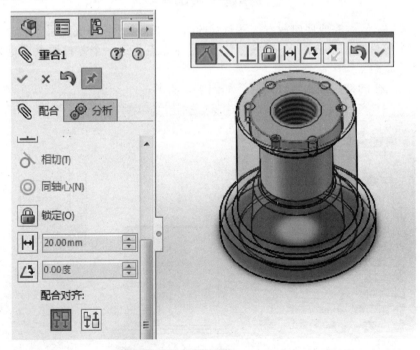

图4-5　底座与螺套的配合关系（2）

（3）底座上一中心线（半螺纹孔轴线）与螺套上一中心线（半螺纹孔轴线）的配合关系设为重合，如图 4-6 所示。

图 4-6　底座与螺套的配合关系（3）

步骤 4　以同样的方法插入零件螺旋杆，如图 4-7 所示。

图 4-7　插入螺旋杆

设定螺套与螺旋杆的配合关系。将螺套内孔与螺旋杆外表面的配合关系设为同轴心，如图 4-8 所示。螺旋杆可以在螺套内旋转运动。

图4-8 螺套与螺旋杆的配合关系

步骤5 以同样的方法插入零件顶垫,如图4-9所示。

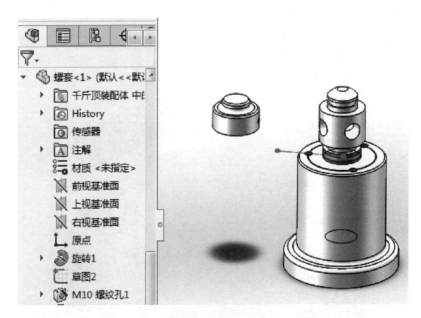

图4-9 插入顶垫

设定螺旋杆与顶垫的配合关系。

(1)螺旋杆外表面与顶垫内孔的配合关系设为同轴心,如图4-10所示。

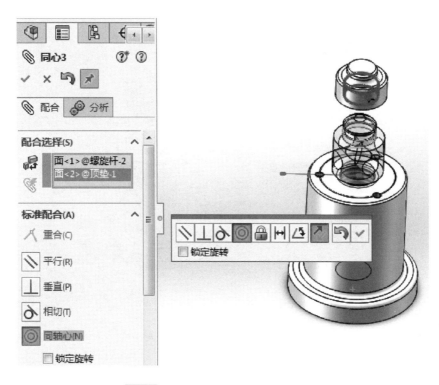

图 4-10　螺旋杆与顶垫的配合关系（1）

（2）螺旋杆一端面与顶垫下端面的配合关系设为重合，如图 4-11 所示。

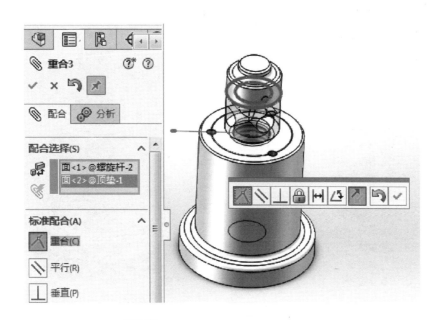

图 4-11　螺旋杆与顶垫的配合关系（2）

（3）螺旋杆前视基准面与顶垫右视基准面的配合关系设为重合，如图 4-12 所示。

图 4-12   螺旋杆与顶垫的配合关系（3）

步骤6   以同样的方法插入零件铰杠，如图 4-13 所示。

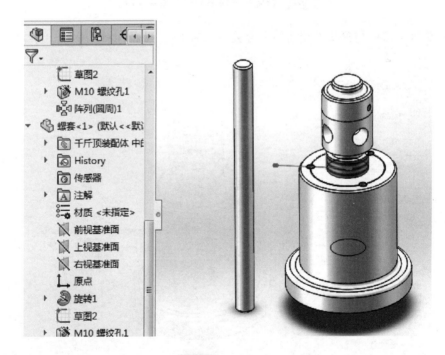

图 4-13   插入铰杠

设定螺旋杆与铰杠的配合关系。将螺旋杆与铰杠的配合关系设为同轴心，如图 4-14 所示。铰杠可插入螺旋杆上端两个孔中任一个，带动螺旋杆在螺套中运动。

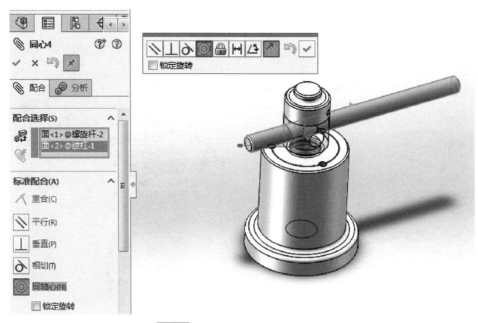

图 4-14　螺旋杆与铰杠的配合关系

步骤 7　插入底座与螺套间的固定螺钉。

单击右侧"设计库"—"Toolbox"，如果是首次使用设计库，单击"现在插入"，如图 4-15 所示。

在"设计库"中，单击 GB — screws — 紧定螺钉，如图 4-16 所示。

图 4-15　插入紧定螺钉（1）

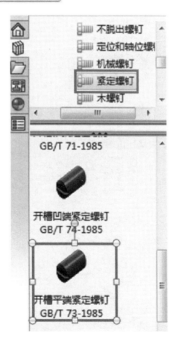

图 4-16　插入紧定螺钉（2）

单击并拖动"开槽平端紧定螺钉"放置在装配体附近，配置零部件属性，大小 M10，长度 12mm，如图 4-17 所示。单击"确定"按钮。

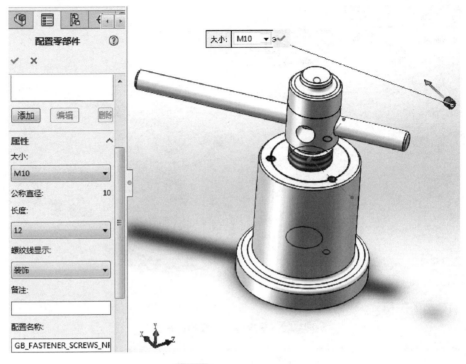

图 4-17　紧定螺钉设置

步骤 8　设定螺钉与底座、螺套螺纹孔的配合关系。

（1）螺钉外表面与底座、螺套螺纹孔内表面的配合关系设为同轴心，如图 4-18 所示。

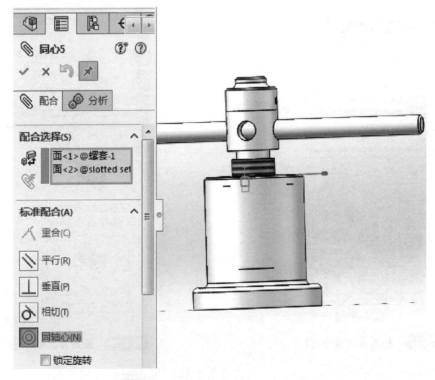

图 4-18　螺钉与螺纹孔的配合关系（1）

（2）螺钉上端面与底座螺套螺纹孔上表面的配合关系设为重合，如图 4-19 所示。

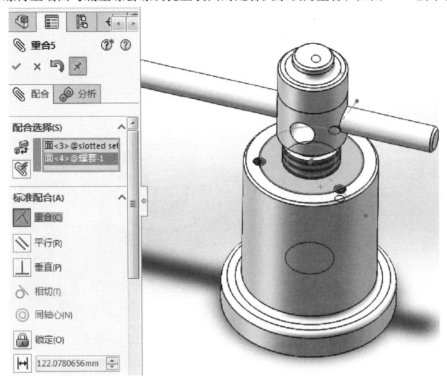

图 4-19 　螺钉与螺纹孔的配合关系（2）

步骤 9 　在装配体中，单击"阵列驱动零部件阵列（或者图案驱动）"，如图 4-20 所示。

图 4-20 　零部件阵列

在阵列驱动中，要阵列的零部件设为"开槽平端紧定螺钉"，驱动特征或零部件设为"螺套上三个圆周阵列的半圆孔"，如图 4-21 所示。

单击"确定"按钮，完成三个螺钉的装配。根据其他特征的阵列来完成螺钉的阵列，好处是其他特征如半孔圆周阵列改变了数目，特征阵列的零件数目也发生了改变。

步骤 10 　在"设计库"中，单击 GB ＿ screws ＿ 紧定螺钉 ，如图 4-22 所示。

单击并拖动"带长爪卡点开槽定位螺钉"放置在装配体附近，配置零部件属性"大小M8"，"长度 12mm"，如图 4-23 所示。单击"确定"按钮。

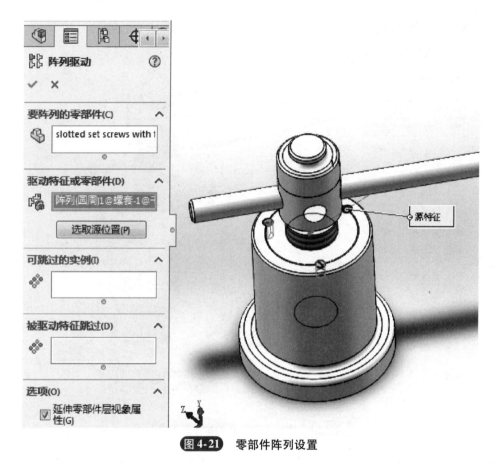

图 4-21 零部件阵列设置

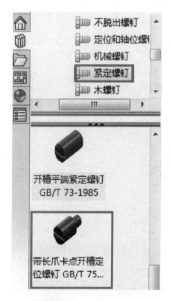

图 4-22 插入定位螺钉

图 4-23 定位螺钉的设置

步骤 11 设定螺钉与顶垫螺孔的配合关系。

（1）螺钉外表面与顶垫螺孔内表面的配合关系设为同轴心，如图 4-24 所示。

（2）螺钉上端面与顶垫基准面 1 的配合关系设为重合，如图 4-25 所示。

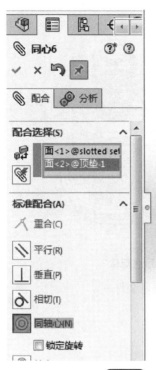

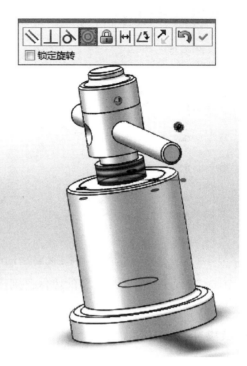

图 4-24　螺钉与顶垫螺孔的配合（1）

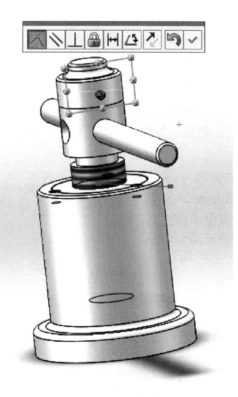

图 4-25　螺钉与顶垫螺孔的配合（2）

单击"确定"按钮，完成千斤顶装配体装配任务，如图 4-26 所示。

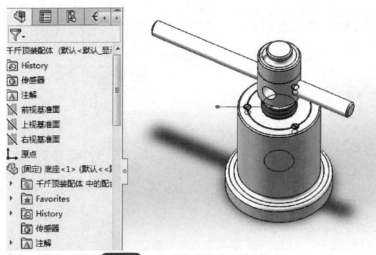

图 4-26 完成装配的千斤顶装配体

步骤 12 单击"保存",将千斤顶装配体保存到指定文件夹。

4.1.3 千斤顶爆炸视图

步骤 13 在装配体中,单击"爆炸视图",如图 4-27 所示。

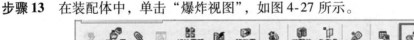

图 4-27 装配体工具栏

其中,爆炸步骤类型为"常规爆炸(平移和旋转)",爆炸步骤按照装配的反顺序进行设置,先设定"螺钉"沿着 Z 方向移动,爆炸距离为 10.00mm,其他选项为默认值,如图 4-28 所示。

步骤 14 设定"铰杠"沿着 X(负)方向移动,爆炸距离为 0mm,如图 4-29 所示。

步骤 15 设定"顶垫"沿着 Y 方向移动,爆炸距离为 0mm,如图 4-30 所示。

步骤 16 设定"螺纹杆"沿着 Y 方向移动,爆炸距离为 0mm,如图 4-31 所示。

步骤 17 设定"开槽平端紧定螺钉"三个沿着 Z 方向移动,爆炸距离为 0mm,如图 4-32 所示。

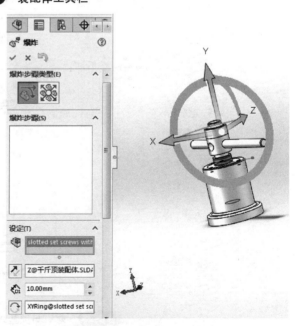

图 4-28 爆炸参数设置(1)

图 4-29　爆炸参数设置（2）

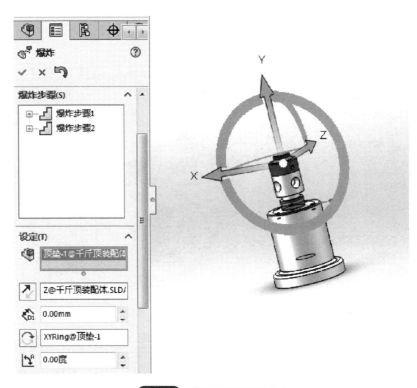

图 4-30　爆炸参数设置（3）

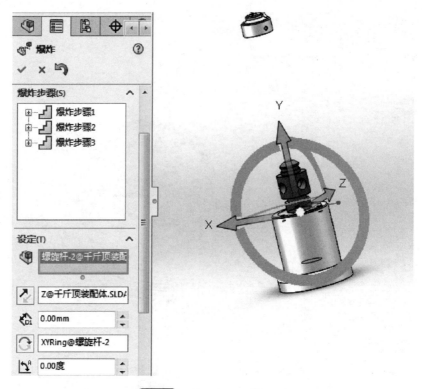

图4-31 爆炸参数设置（4）

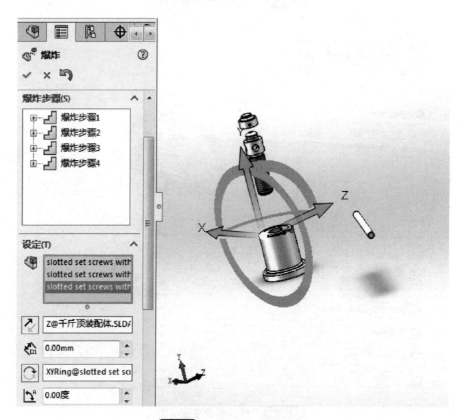

图4-32 爆炸参数设置（5）

步骤 18　设定"螺套"沿着 Y 方向移动，爆炸距离采用默认值，如图 4-33 所示。

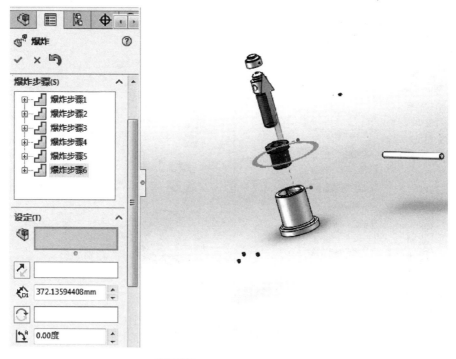

图 4-33　爆炸参数设置（6）

单击"√"，完成爆炸视图设置，如图 4-34 所示。

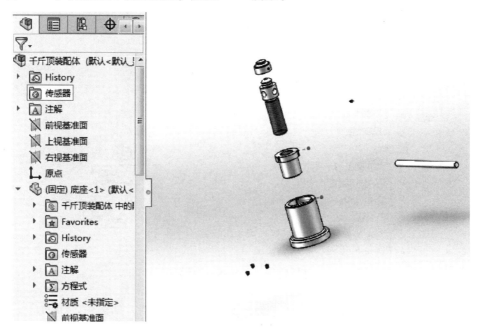

图 4-34　完成设置的爆炸视图

步骤 19　单击"另存为"，将该文件命名为"千斤顶爆炸视图 . sldasm"并保存到指定文件夹。

步骤 20 在"设计树"框中,选择"千斤顶装配体",单击鼠标右键,如图 4-35 所示。

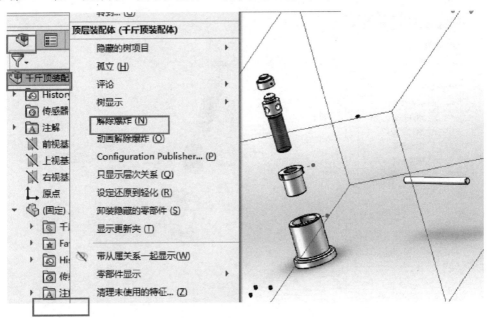

图 4-35 解除爆炸 (1)

单击"解除爆炸",如图 4-36 所示。

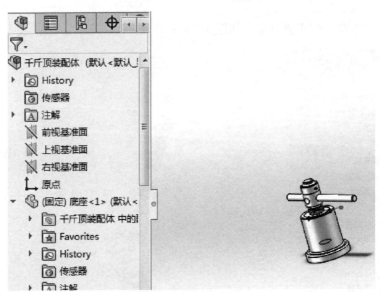

图 4-36 解除爆炸 (2)

步骤 21 在"设计树"框中,选择"千斤顶装配体",右击,如图 4-37 所示。
单击"动画爆炸",如图 4-38 所示。
步骤 22 在"动画控制器"中,单击"保存动画",如图 4-39 所示。
出现"保存动画到文件"对话框,选择需要的路径和文件名,其他参数设为默认值,如图 4-40 所示。

图 4-37　动画爆炸（1）

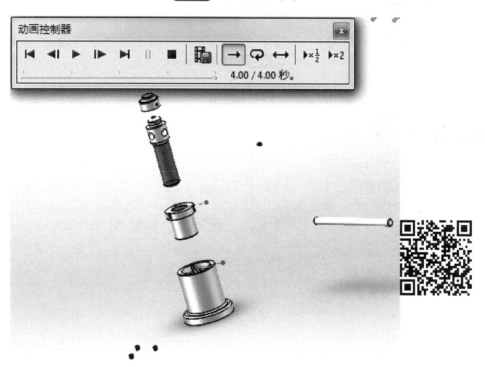

图 4-38　动画爆炸（2）

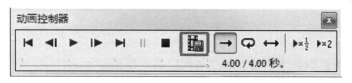

图 4-39　动画控制器的使用

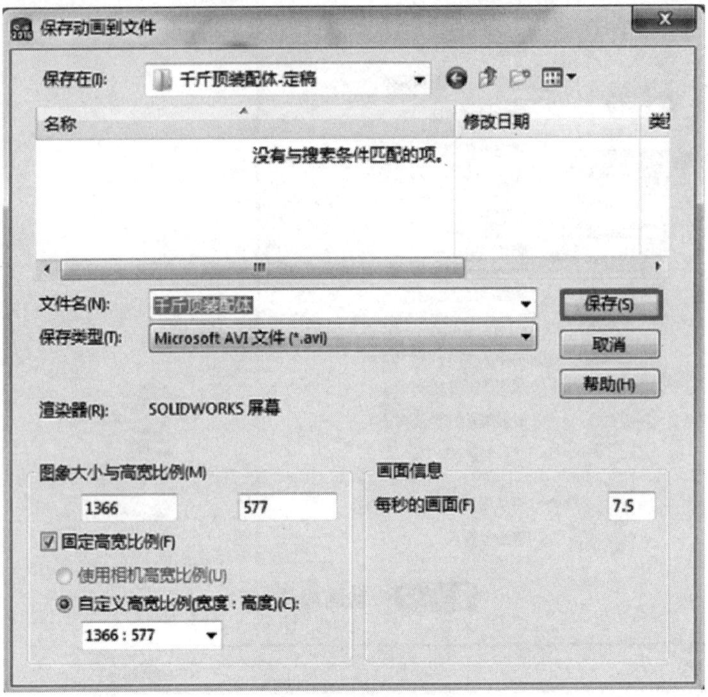

图 4-40 保存动画

步骤 23 单击"保存",在视频压缩页面中选择默认设置,如图 4-41 所示。

单击"确定"按钮,完成千斤顶装配体爆炸动画视图。

步骤 24 单击"保存",将该装配体保存到指定文件夹。

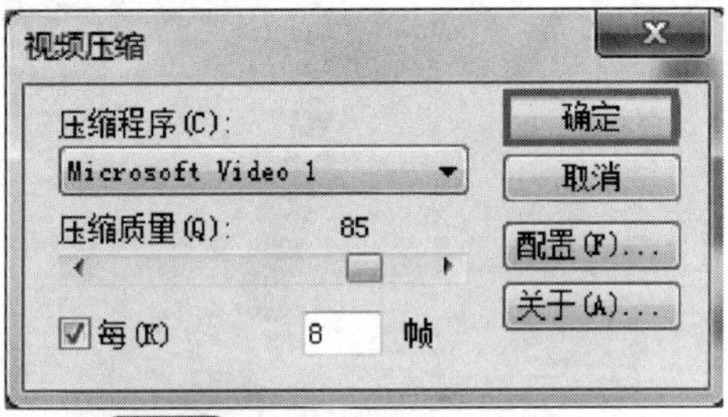

图 4-41 "视频压缩"属性设置

4.2 基座部件装配体

本节学习要点:

◇ 了解基座装配体结构组成。

◇ 掌握基座装配体装配顺序。

◇ 掌握装配常用的特征指令。

◇ 掌握标准件的插入与选择。

4.2.1 任务引入

基座部件包含较多的零件,通常部件装配原则是根据实际工作生产现场装配顺序进行安装,如图 4-42 所示。也可以根据功能块将基座部件分为多个小组件,比如电机功能块、底盘相关固件功能块、齿轮组功能块等。

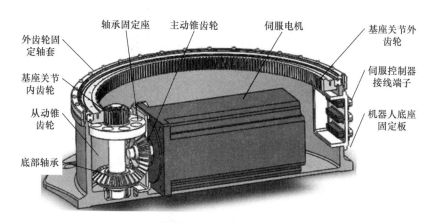

外齿轮固定轴套　基座关节内齿轮　从动锥齿轮　底部轴承　轴承固定座　主动锥齿轮　伺服电机　基座关节外齿轮　伺服控制器接线端子　机器人底座固定板

图 4-42　基座部件的装配

工业机器人基座部件的组成零件，见表 4-1。

表 4-1　工业机器人基座部件的组成零件

序号	名称	图形	序号	名称	图形
1	基座		7	外环滚珠轴承	
2	电机		8	传动轴	
3	电机轴锥齿轮		9	传动轴轴承	
4	传动轴锥齿轮		10	基座关节齿轴承	
5	传动轴圆柱齿轮		11	齿圈固定板	
6	基座关节外齿轮		12	电机固定座	

（续）

序号	名称	图形	序号	名称	图形
13	电机轴轴承		17	外齿轮固定轴套	
14	锥齿轮盖板		18	接线端子	
15	电机座盖板		19	接线端子	
16	卡环		20	接线端口板	

4.2.2 基座装配过程

步骤1 新建一装配体，命名为"基座. sldasm"，如图 4-43 所示。

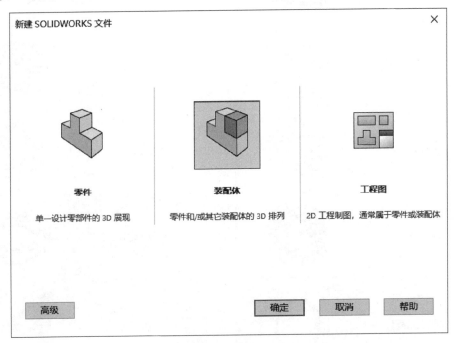

图 4-43 新建装配体

步骤 2　在"开始装配体"中，单击"浏览"，找到指定文件夹中 Korpus 基座零件，如图 4-44 所示。

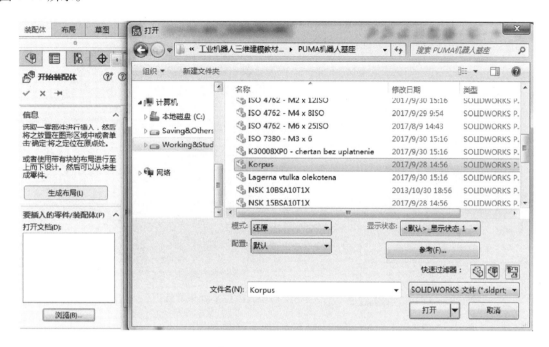

图 4-44　查找 Korpus 基座零件

单击"打开"，如图 4-45 所示。

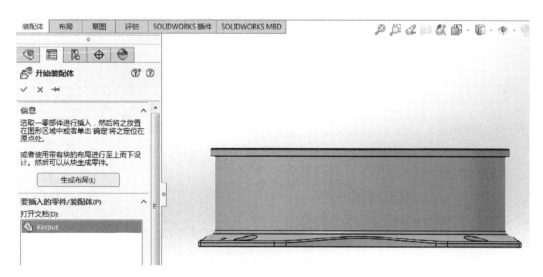

图 4-45　插入 Korpus 基座零件

单击左上角"√"，插入第一个零件（默认固定）。

步骤 3　单击"插入零部件"，找到指定文件夹中 NSK 15BSA10T1X 传动轴轴承零件，插入第二个零件，如图 4-46 所示。

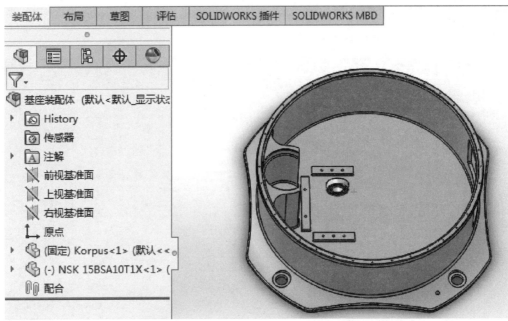

图 4-46　插入 NSK 15BSA10T1X 轴承零件

步骤 4　单击"配合",设定基座与轴承的配合关系。

(1) 设定基座内孔与轴承的配合关系为同轴心,如图 4-47 所示。

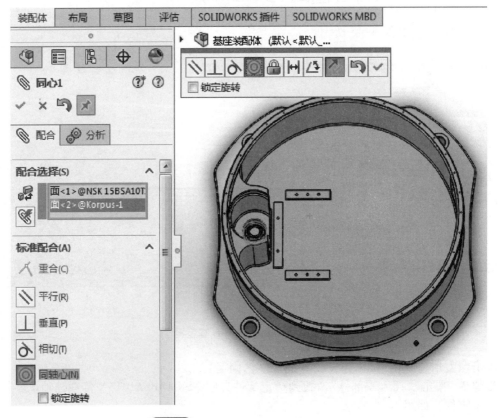

图 4-47　基座与轴承的配合关系（1）

（2）设定基座内孔一端面与轴承端面的配合关系为重合，如图 4-48 所示。

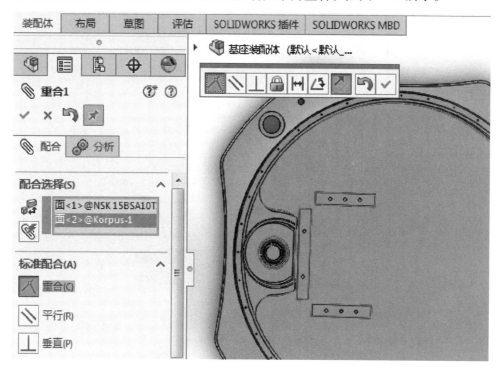

图 4-48　基座与轴承的配合关系（2）

步骤5　设定 Korpus 零件状态为"隐藏"。在左侧框选中该零件并右击，单击"隐藏零部件"。

步骤6　单击"插入零部件"，找到指定文件夹中 ValJ1 传动轴零件并插入，如图 4-49 所示。

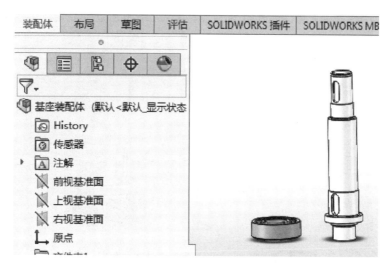

图 4-49　插入 ValJ1 传动轴零件

步骤7　单击"配合"，设定传动轴与传动轴轴承的配合关系。

（1）设定传动轴下端与轴承内孔的配合关系为同轴心，如图 4-50 所示。

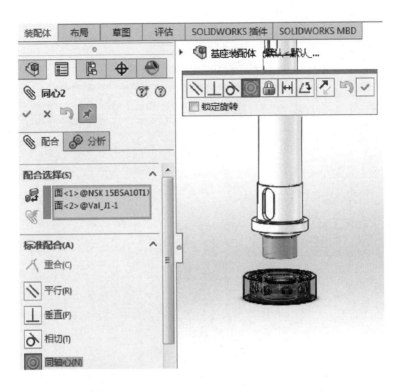

图 4-50　传动轴与传动轴轴承的配合关系（1）

（2）设定传动轴端面与轴承上端面的配合关系为重合，如图 4-51 所示。

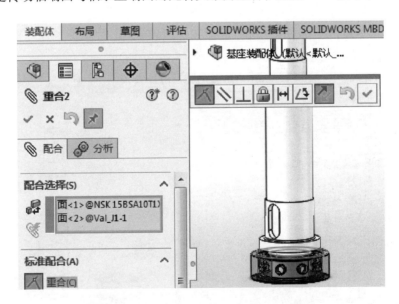

图 4-51　传动轴与传动轴轴承的配合关系（2）

步骤 8　单击"插入零部件"，找到指定文件夹中 ISO 2491 – A6 × 4 × 14 圆头键零件并插入，如图 4-52 所示。

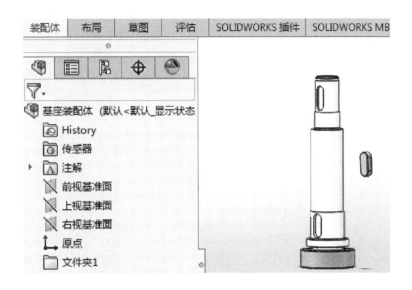

图 4-52 插入 ISO 2491 – A6 ×4 ×14 键零件

步骤 9 单击"配合",设定阶梯轴下端键槽与圆头键的配合关系。

（1）设定传动轴下端键槽半圆孔与键半圆头的配合关系为同轴心，如图 4-53 所示。

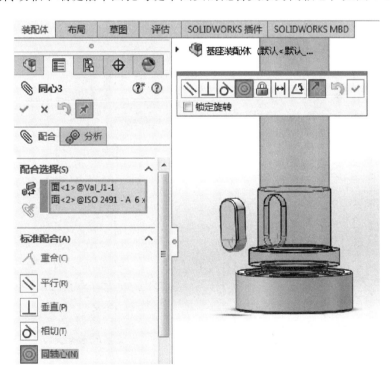

图 4-53 阶梯轴下端键槽与圆头键的配合关系（1）

（2）设定传动轴下端键槽底面与键平面的配合关系为重合，如图 4-54 所示。

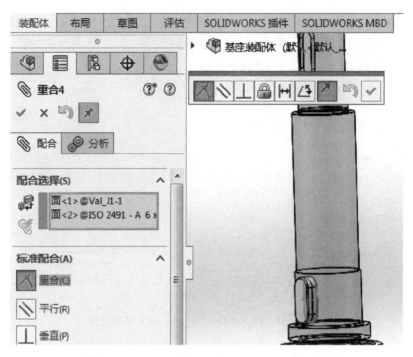

图 4-54 阶梯轴下端键槽与圆头键的配合关系（2）

（3）设定传动轴下端键槽侧面与键侧面的配合关系为重合，如图 4-55 所示。

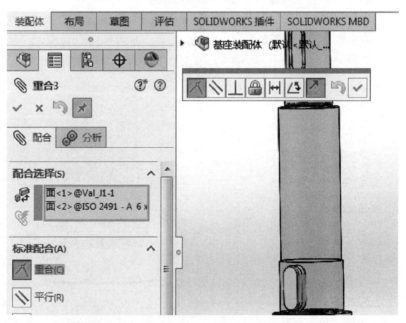

图 4-55 阶梯轴下端键槽与圆头键的配合关系（3）

步骤 10 单击"插入零部件"，找到指定文件夹中 Bevel Gear21 锥齿轮零件（传动轴上）并插入，如图 4-56 所示。

步骤 11 单击"配合"，设定锥齿轮与传动轴的配合关系。

图 4-56 插入 Bevel Gear21 锥齿轮零件

（1）设定锥齿轮内孔与传动轴的配合关系为同轴心，如图 4-57 所示。

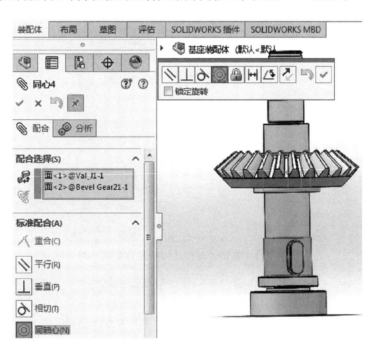

图 4-57 锥齿轮与传动轴的配合关系（1）

（2）设定锥齿轮键槽孔侧面与键侧面的配合关系为重合，如图 4-58 所示。

（3）设定锥齿轮端面与传动轴一端面的配合关系为重合，如图 4-59 所示。

步骤 12 单击"插入零部件"，找到指定文件夹中 Stoyka_za_dvigatel 电机座零件并插入，如图 4-60 所示。

步骤 13 单击"插入零部件"，找到指定文件夹中 1370491_EMMS_ST_87_L_SE_G2 电机零部件并插入，如图 4-61 所示。

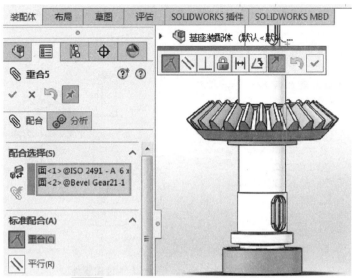

图 4-58　锥齿轮与传动轴的配合关系（2）

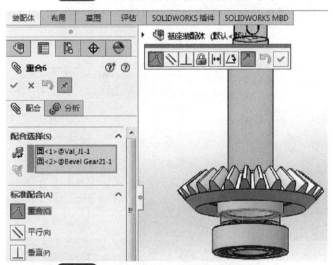

图 4-59　锥齿轮与传动轴的配合关系（3）

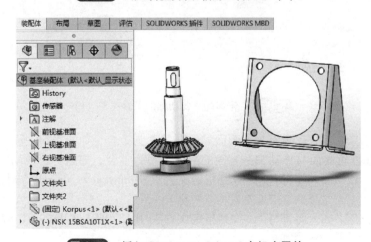

图 4-60　插入 Stoyka_za_dvigatel 电机座零件

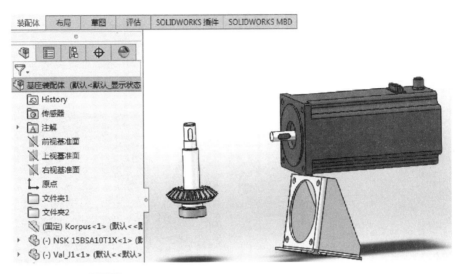

图 4-61　插入 1370491_EMMS_ST_87_L_SE_G2 电机部件

步骤 14　单击"配合",设定电机与电机座的配合关系。

(1) 设定电机端面圆凸台与电机座圆孔的配合关系为同轴心,如图 4-62 所示。

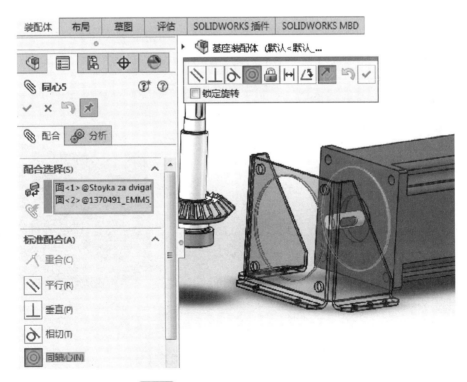

图 4-62　电机与电机座的配合关系(1)

(2) 设定电机—螺孔与电机座—螺孔的配合关系为同轴心,如图 4-63 所示。

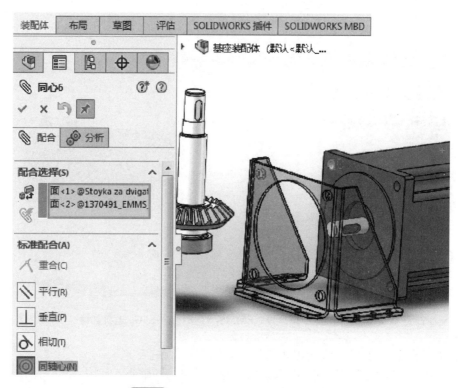

图 4-63 电机与电机座的配合关系 (2)

（3）设定电机端面与电机座端面的配合关系为重合，如图 4-64 所示。

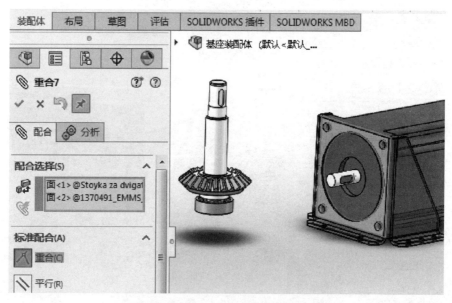

图 4-64 电机与电机座的配合关系 (3)

步骤 15 单击"插入零部件"，找到指定文件夹中 podlojna planka za aksialen large 电机座挡板零件并插入，如图 4-65 所示。

步骤 16 单击"配合"，设定电机座挡板与电机座的配合关系。

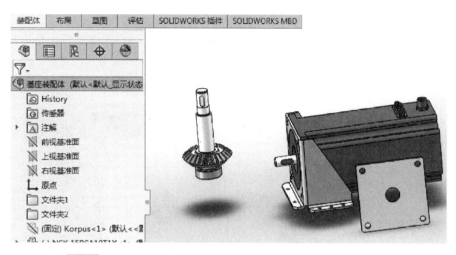

图 4-65　插入 **podlojna planka za aksialen large** 电机座挡板零件

（1）设定挡板轴孔与电机输出轴的配合关系为同轴心，如图 4-66 所示。

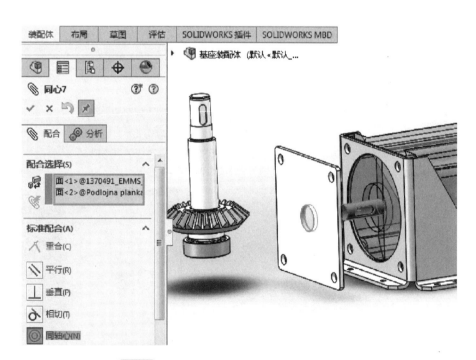

图 4-66　电机座挡板与电机座的配合关系（1）

（2）设定挡板一螺孔与电机座一螺孔的配合关系为同轴心，如图 4-67 所示。

（3）设定挡板端面与电机座端面的配合关系为重合，如图 4-68 所示。

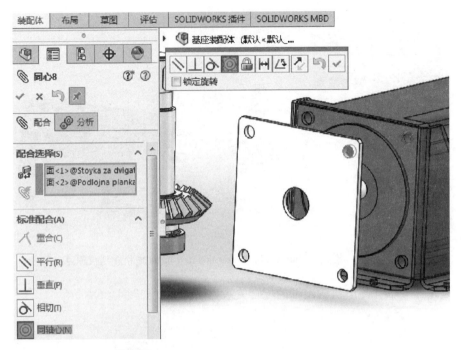

图 4-67　电机座挡板与电机座的配合关系（2）

图 4-68　电机座挡板与电机座的配合关系（3）

步骤 17　单击"插入零部件"，找到指定文件夹中 ISO 4762 – M6×25ISO 螺栓零件并插入，如图 4-69 所示。

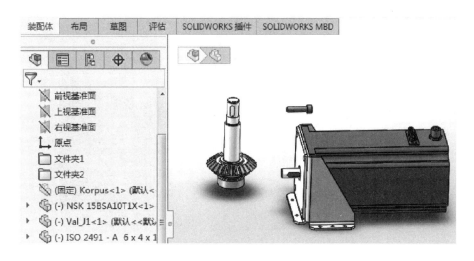

图 4-69 插入 ISO 4762 – M6×25ISO 螺栓零件

步骤 18　单击"配合"，设定螺栓与电机的配合关系。

（1）设定螺栓与电机螺孔的配合关系为同轴心，如图 4-70 所示。

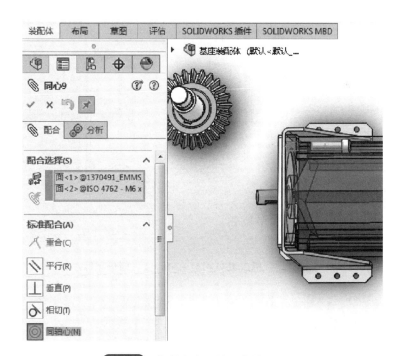

图 4-70 螺栓与电机的配合关系（1）

（2）设定螺栓端面与电机螺孔面的配合关系为重合，如图 4-71 所示。

步骤 19　单击"插入零部件"，找到指定文件夹中 ISO 4161 – M6（1）螺母零件并插入，如图 4-72 所示。

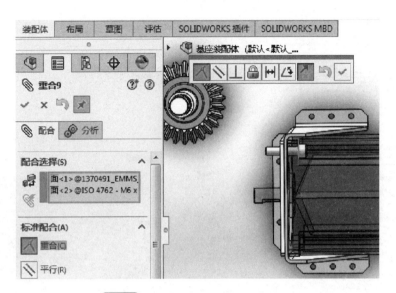

图 4-71　螺栓与电机的配合关系（2）

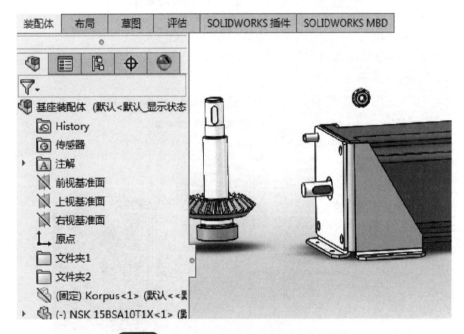

图 4-72　插入 ISO 4161 – M6（1）螺母零件

步骤 20　单击"配合"，设定螺母与螺栓的配合关系。

（1）设定螺母与螺栓的配合关系为同轴心，如图 4-73 所示。

（2）设定螺母与电机座挡板的配合关系为重合，如图 4-74 所示。

步骤 21　单击装配体中"线性阵列"，方向 1（向右），间距为 69.50mm，实例数 2，方向 2（向下），间距为 69.5mm，实例数 2，要阵列的零部件"ISO 4161 – M6（1）螺母、ISO 4762 – M6 × 25ISO 螺栓"，如图 4-75 所示。

步骤 22　单击"插入零部件"，找到指定文件夹中 ISO 2491 – A5 × 3 × 14 键零件并插入，如图 4-76 所示。

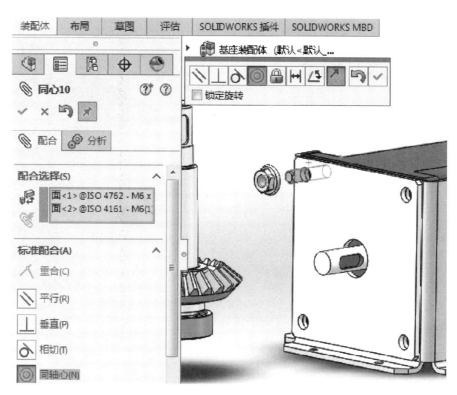

图 4-73　螺母与螺栓的配合关系

图 4-74　螺母与电机座挡板的配合关系

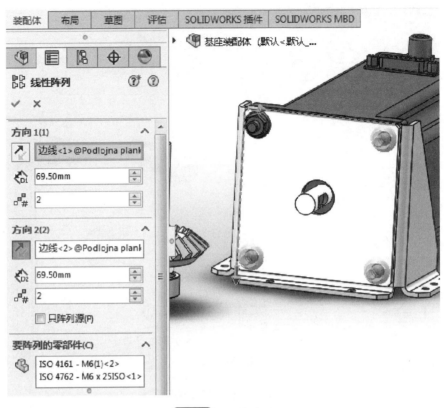

图 4-75　线性阵列

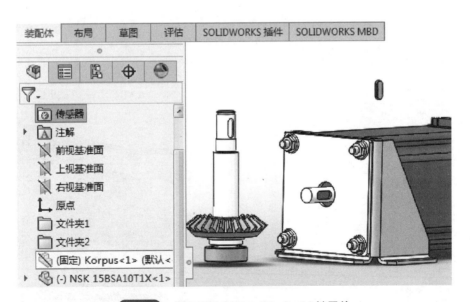

图 4-76　插入 ISO 2491 – A5 ×3 ×14 键零件

步骤 23　单击"配合",设定键与传动轴键槽的配合关系。

(1) 设定键半圆头与传动轴上端键槽半圆孔的配合关系为同轴心,如图 4-77 所示。

(2) 设定键侧面与传动轴上端键槽侧面的配合关系为重合,如图 4-78 所示。

(3) 设定键平面与传动轴上端键槽底面的配合关系为重合,如图 4-79 所示。

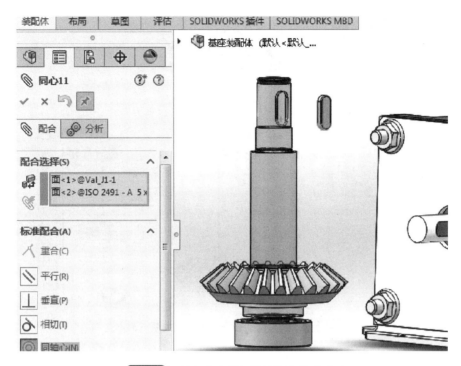

图 4-77　键与传动轴键槽的配合关系（1）

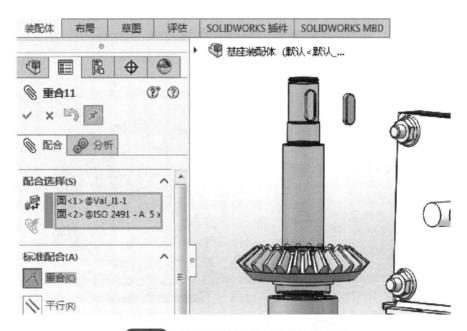

图 4-78　键与传动轴键槽的配合关系（2）

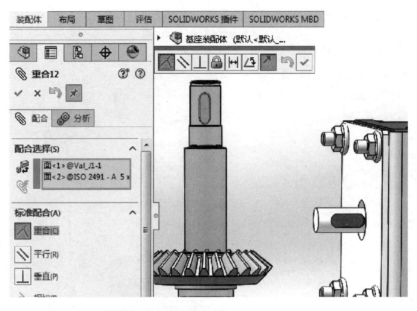

图 4-79 键与传动轴键槽的配合关系（3）

步骤 24 在左侧"设计树"框选中 Korpus 零件并右击，单击"显示零部件"。

步骤 25 单击"插入零部件"，找到指定文件夹中 ISO 2491 – A6 ×4 ×16 键零件并插入，如图 4-80 所示。

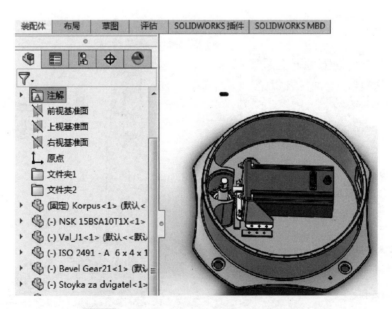

图 4-80 插入 ISO 2491 – A6 ×4 ×16 键零件

步骤 26 单击"配合"，设定键与电机轴键槽的配合关系。

（1）设定键半圆头与电机轴上键槽半圆孔的配合关系为同轴心，如图 4-81 所示。

图 4-81　键与电机轴键槽的配合关系（1）

（2）设定键侧面与电机轴上键槽侧面的配合关系为重合，如图 4-82 所示。

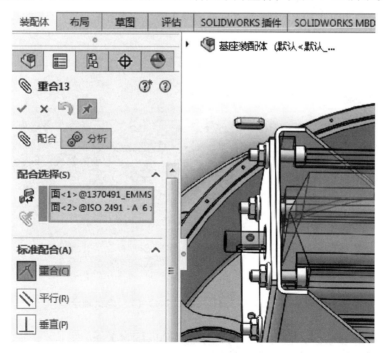

图 4-82　键与电机轴键槽的配合关系（2）

（3）设定键平面与电机轴上键槽底面的配合关系为重合，如图 4-83 所示。

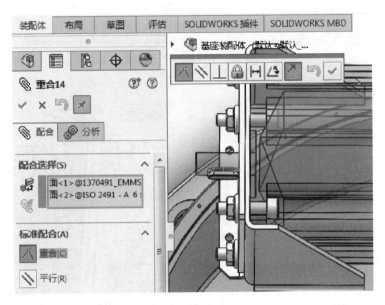

图 **4-83** 键与电机轴键槽的配合关系（3）

步骤 27 单击"插入零部件"，找到指定文件夹中 ISO 3031 – 16 × 29 × 2（1）电机轴承零件并插入，如图 4-84 所示。

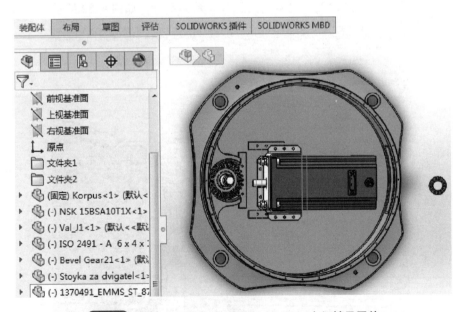

图 **4-84** 插入 ISO 3031 – 16 × 29 × 2（1）电机轴承零件

步骤 28 单击"配合"，设定电机轴承与电机轴的配合关系。
（1）设定轴承与电机轴的配合关系为同轴心，如图 4-85 所示。
（2）设定轴承与电机座挡板的配合关系为相切，如图 4-86 所示。

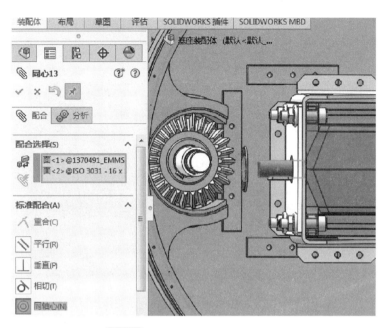

图 4-85　轴承与电机轴的配合关系

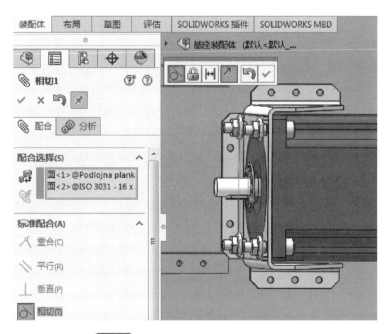

图 4-86　轴承与电机座挡板的配合关系

步骤 29　单击"插入零部件",找到指定文件夹中 Shaiba za aksialen lager 齿轮挡板零件并插入,如图 4-87 所示。

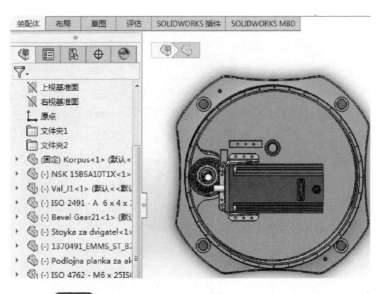

图 4-87 插入 Shaiba za aksialen lager 齿轮挡板零件

步骤 30 单击"配合",设定齿轮挡板与电机轴的配合关系。

（1）设定齿轮挡板内孔与电机轴的配合关系为同轴心，如图 4-88 所示。

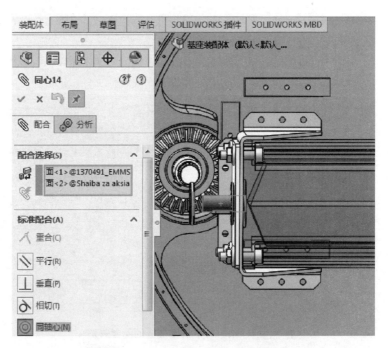

图 4-88 齿轮挡板与电机轴的配合关系（1）

（2）设定齿轮挡板端面与轴承的配合关系为相切，如图 4-89 所示。

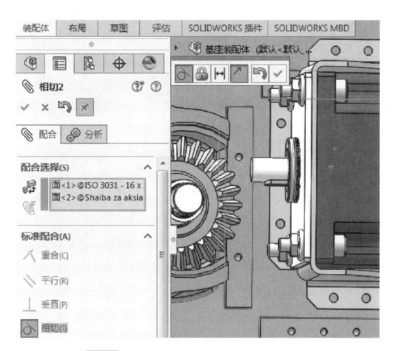

图 4-89　齿轮挡板与电机轴的配合关系（2）

步骤 31　单击"插入零部件"，找到指定文件夹中 Bevel Gear11 锥齿轮零件（电机轴上）并插入，如图 4-90 所示。

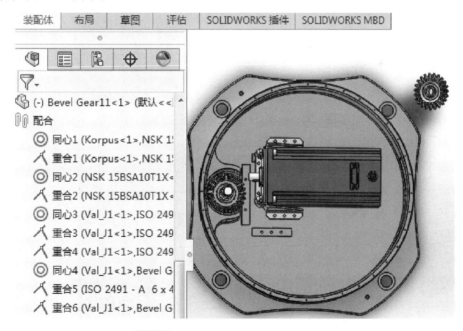

图 4-90　插入 Bevel Gear11 锥齿轮零件

步骤 32　单击"配合"，设定锥齿轮与电机轴的配合关系。

（1）设定锥齿轮内孔与电机轴的配合关系为同轴心，如图 4-91 所示。

（2）设定锥齿轮键槽侧面与键侧面的配合关系为重合，如图 4-92 所示。

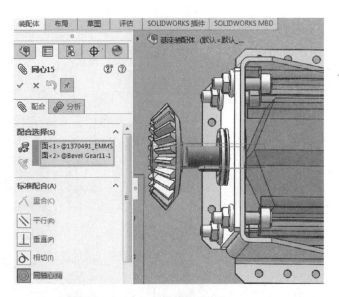

图 4-91 锥齿轮与电机轴的配合关系（1）

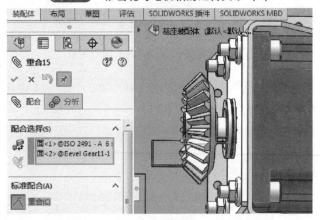

图 4-92 锥齿轮与电机轴的配合关系（2）

（3）设定锥齿轮端面与齿轮挡板的配合关系为重合，如图 4-93 所示。

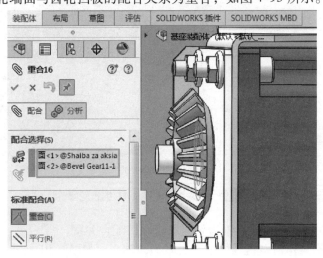

图 4-93 锥齿轮与电机轴的配合关系（3）

步骤 33　在左侧"设计树"框选中 Bevel Gear11 零件并右击，单击"隐藏零部件"。

步骤 34　单击"配合"，设定电机座与基座的配合关系。

（1）设定电机座下侧螺孔与基座不通孔的配合关系为同轴心，如图 4-94 所示。

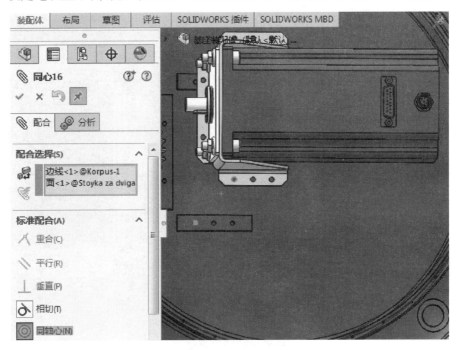

图 4-94　电机座与基座的配合关系（1）

（2）设定电机座上侧螺孔与基座不通孔的配合关系为同轴心，如图 4-95 所示。

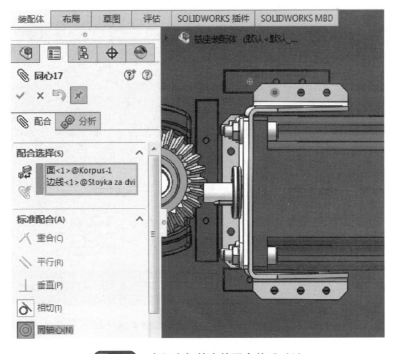

图 4-95　电机座与基座的配合关系（2）

（3）设定电机座左侧螺孔与基座不通孔的配合关系为同轴心，如图 4-96 所示。

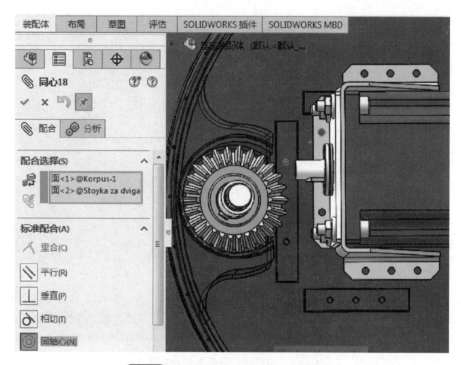

图 4-96　电机座与基座的配合关系（3）

（4）设定电机座底面与基座小凸台面的配合关系为重合，如图 4-97 所示。

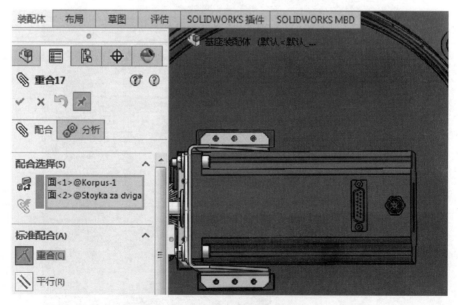

图 4-97　电机座与基座的配合关系（4）

步骤35　单击"插入零部件"，找到指定文件夹中 ISO 4762 – M4 × 8ISO 螺栓零件并插入，如图 4-98 所示。

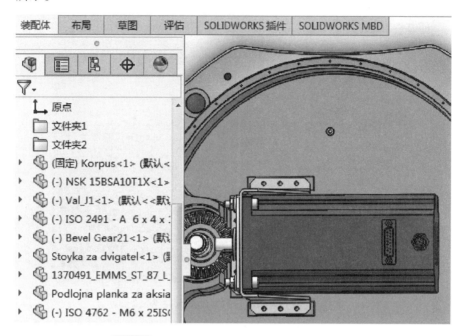

图 4-98　插入 ISO 4762 − M4 × 8ISO 螺栓零件

步骤 36　单击"配合",设定电机座与螺栓的配合关系。

(1) 设定电机座螺孔与螺栓表面的配合关系为同轴心,如图 4-99 所示。

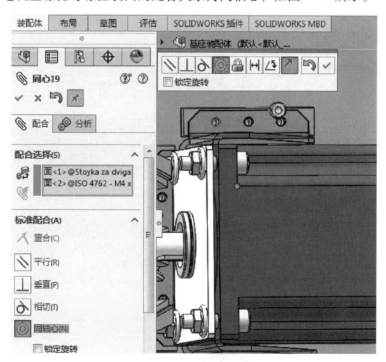

图 4-99　电机座与螺栓的配合关系 (1)

(2) 设定电机座上端面与螺栓的配合关系为重合,如图 4-100 所示。

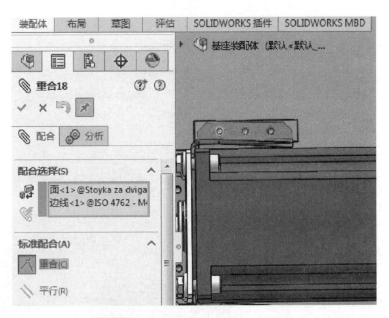

图 4-100　电机座与螺栓的配合关系（2）

步骤37　单击装配体中"线性阵列"，方向1（向右），间距15.00mm，实例数3；方向2（向下），间距111.00mm，实例数2，要阵列的零部件"ISO 4762 – M4×8ISO <1 >"螺栓，如图4-101所示。

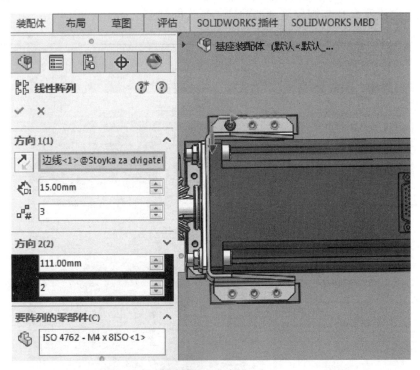

图 4-101　线性阵列

步骤38　单击"插入零部件"，找到指定文件夹中 ISO 4762 – M4×8ISO 螺栓零件并插入，如图 4-102 所示。

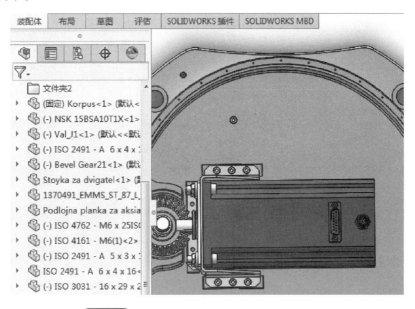

图 4-102　插入 **ISO 4762 – M4 ×8ISO 螺栓零件**

步骤 39　单击"配合",设定电机座与螺栓的配合关系。

(1)设定电机座螺孔与螺栓的配合关系为同轴心,如图 4-103 所示。

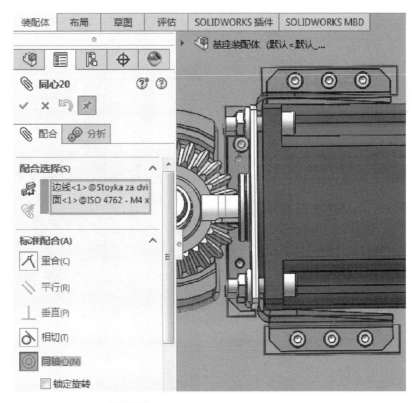

图 4-103　电机座与螺栓的配合关系(1)

（2）设定电机座上端面与螺栓的配合关系为重合，如图 4-104 所示。

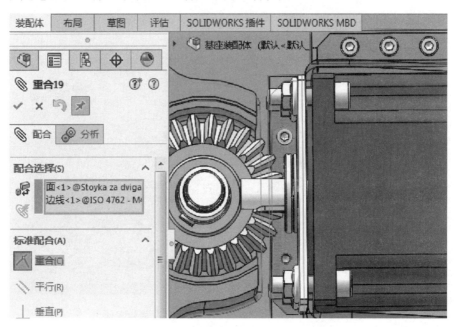

图 4-104　电机座与螺栓的配合关系（2）

步骤 40　单击装配体中"镜向零部件"，镜向基准面"右视基准面"，要镜向的零部件"ISO 4762 – M4 × 8ISO – 7"螺栓，如图 4-105 所示。

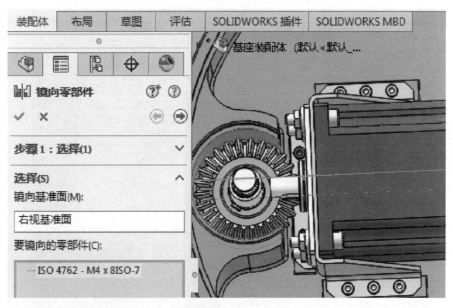

图 4-105　镜向设置

步骤 41　在左侧框选中 Bevel Gear11 零件并右击，单击"显示零件"。

步骤 42　单击"插入零部件"，找到指定文件夹中 NSK 15BSA10T1X 轴承零件并插入，如图 4-106 所示。

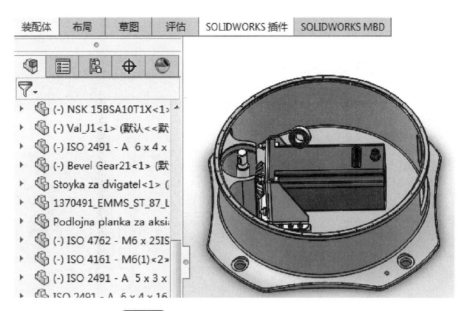

图 4-106　插入 NSK 15BSA10T1X 轴承零件

步骤 43　单击"配合"，设定轴承与传动轴的配合关系。

（1）设定轴承内孔与传动轴的配合关系为同轴心，如图 4-107 所示。

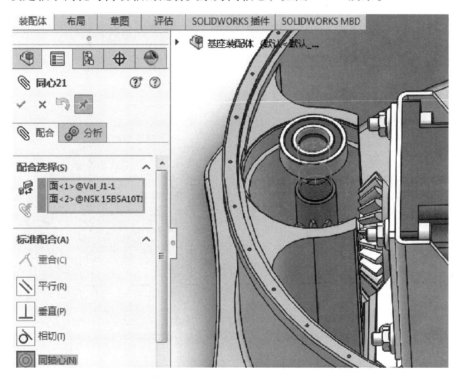

图 4-107　轴承与传动轴的配合关系（1）

（2）设定轴承下端面与传动轴端面的配合关系为重合，如图 4-108 所示。

步骤 44　单击"插入零部件"，找到指定文件夹中 lagerna vtulka olekotena 齿圈固定板零

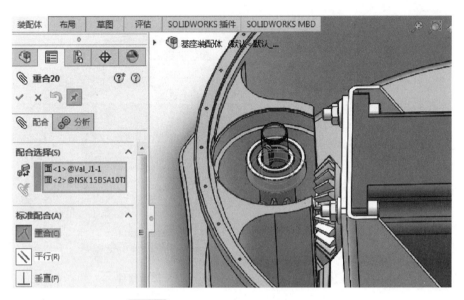

图 4-108　轴承与传动轴的配合关系（2）

件并插入，如图 4-109 所示。

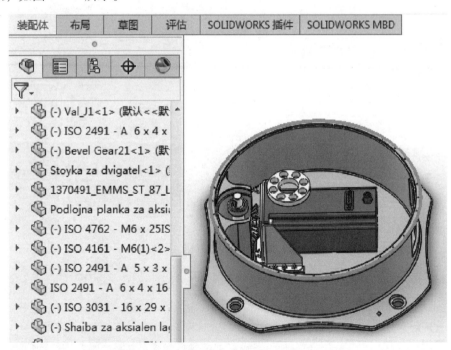

图 4-109　插入 lagerna vtulka olekotena 齿圈固定板零件

步骤 45　单击"配合"，设定齿圈固定板与轴承的配合关系。

（1）设定齿圈固定板内孔与轴承的配合关系为同轴心，如图 4-110 所示。

（2）设定齿圈固定板与基座凸台内孔平面的配合关系为重合，如图 4-111 所示。

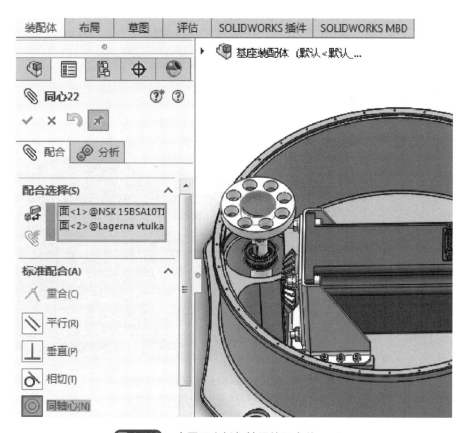

图 4-110 齿圈固定板与轴承的配合关系（1）

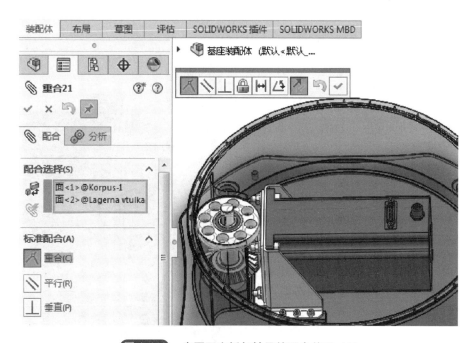

图 4-111 齿圈固定板与轴承的配合关系（2）

步骤 46 在左侧"设计树"框选中 Korpus 零件并右击，单击"隐藏零部件"。单击"插入零部件",找到指定文件夹中 Spur Gear11 圆柱齿轮零件(传动轴上)并插入,如图 4-112 所示。

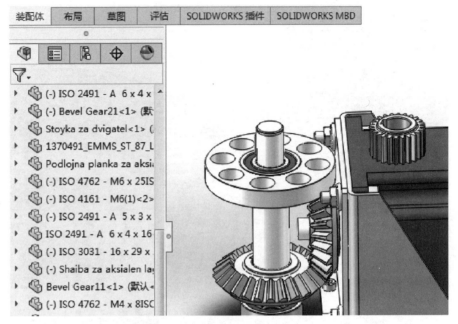

图 4-112　插入 **Spur Gear11** 圆柱齿轮零件

步骤 47　单击"配合",设定圆柱齿轮与传动轴的配合关系。

(1)设定齿轮内表面与传动轴的配合关系为同轴心,如图 4-113 所示。

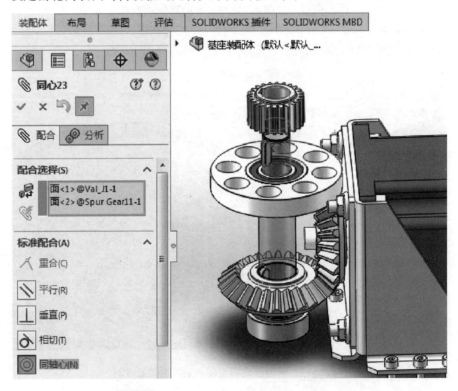

图 4-113　圆柱齿轮与传动轴的配合关系(1)

（2）设定齿轮内侧键槽面与键侧面的配合关系为重合，如图 4-114 所示。

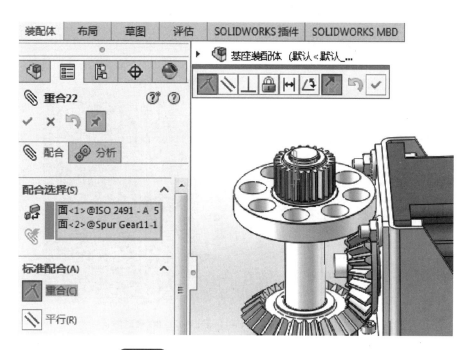

图 4-114　圆柱齿轮与传动轴的配合关系（2）

（3）设定齿轮一端面与轴承上端面的配合关系为重合，如图 4-115 所示。

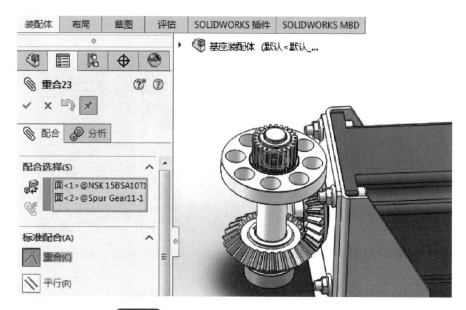

图 4-115　圆柱齿轮与传动轴的配合关系（3）

步骤48 单击"插入零部件"，找到指定文件夹中 Ring A14 – Gost 13942 – 86 卡环零件并插入，如图4-116所示。

图4-116 插入 Ring A14 – Gost 13942 – 86 卡环零件

步骤49 单击"配合"，设定卡环与圆柱齿轮的配合关系。

（1）设定卡环与齿轮内孔的配合关系为同轴心，如图4-117所示。

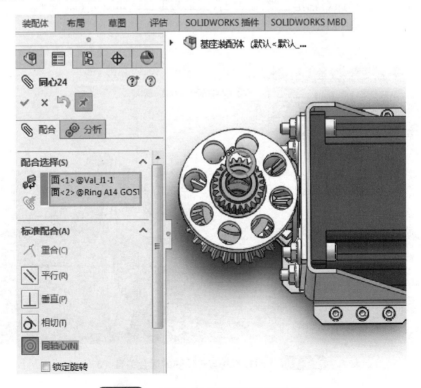

图4-117 卡环与圆柱齿轮的配合关系（1）

（2）设定卡环与齿轮端面的配合关系为重合，如图 4-118 所示。

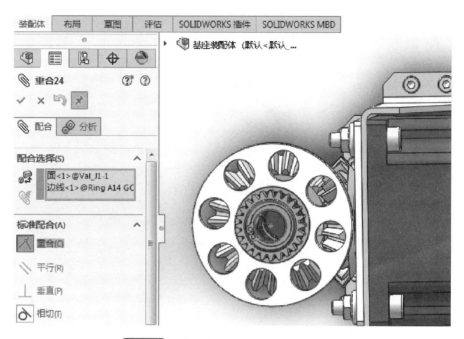

图 4-118 卡环与圆柱齿轮的配合关系（2）

步骤 50 在左侧"设计树"框选中 Korpus 零件并右击，单击"显示零部件"。单击"插入零部件"，找到指定文件夹中 Spur Gear21 大齿圈零件并插入，如图 4-119 所示。

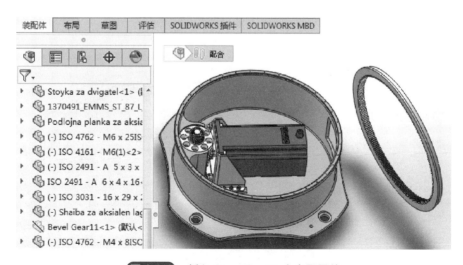

图 4-119 插入 Spur Gear21 大齿圈零件

步骤 51 单击"配合"，设定大齿圈与基座的配合关系。

（1）设定大齿圈外表面与基座的配合关系为同轴心，如图 4-120 所示。

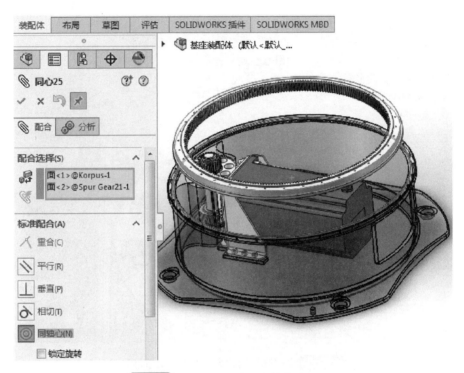

图 4-120 大齿圈与基座的配合关系（1）

（2）设定大齿圈底面与基座内侧凸台面的配合关系为重合，如图 4-121 所示。

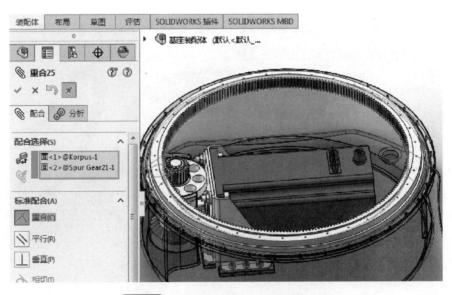

图 4-121 大齿圈与基座的配合关系（2）

步骤 52　单击"插入零部件"，找到指定文件夹中 K30008XPO – chertan bez uplatnenie 轴承零件并插入，如图 4-122 所示。

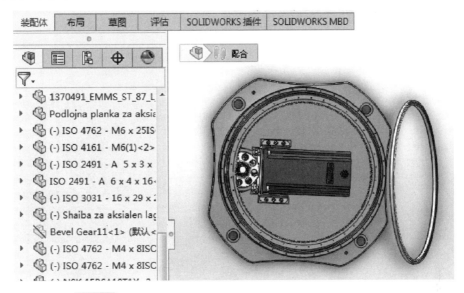

图 4-122　插入 K30008XPO – chertan bez uplatnenie 轴承零件

步骤 53　单击"配合"，设定轴承与大齿圈的配合关系。

（1）设定轴承与大齿圈的配合关系为同轴心，如图 4-123 所示。

图 4-123　轴承与大齿圈的配合关系

（2）设定轴承与基座内侧平面的配合关系为重合，如图 4-124 所示。

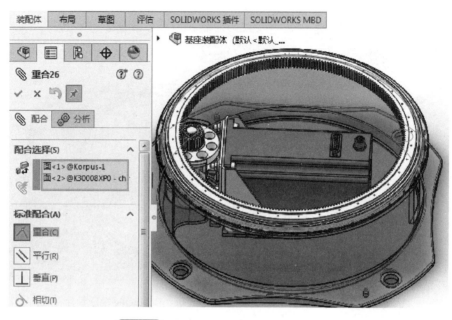

图 4-124 轴承与基座内侧平面的配合关系

步骤 54 单击"插入零部件",找到指定文件夹中 Flanec 齿圈固定套零件并插入,如图 4-125 所示。

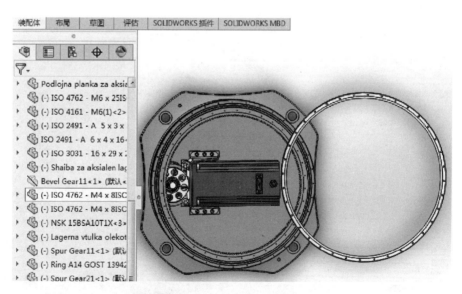

图 4-125 插入 Flanec 齿圈固定套零件

步骤 55 单击"配合",设定齿圈固定套与轴承的配合关系。

(1) 设定齿圈固定套内孔与轴承的配合关系为同轴心,如图 4-126 所示。

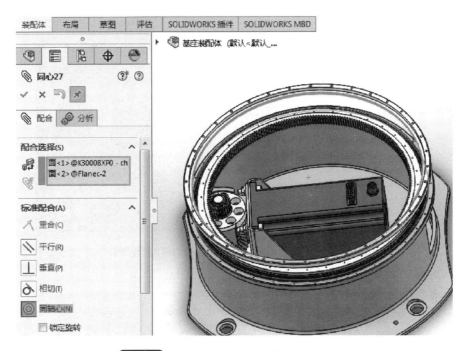

图 4-126　齿圈固定套内孔与轴承的配合关系

（2）设定齿圈固定套下端面与基座上表面的配合关系为重合，如图 4-127 所示。

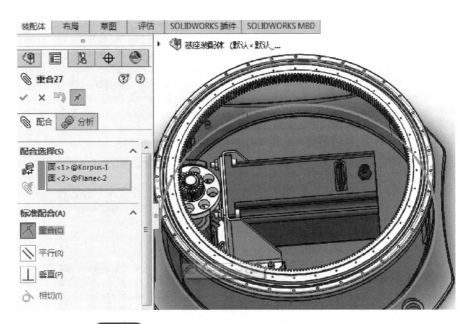

图 4-127　齿圈固定套下端面与基座上表面的配合关系

步骤 56　单击"插入零部件"，找到指定文件夹中 ISO 4762 - M2 × 12ISO 螺栓零件并插入，如图 4-128 所示。

步骤 57　单击"配合"，设定螺栓与齿圈固定套的配合关系。

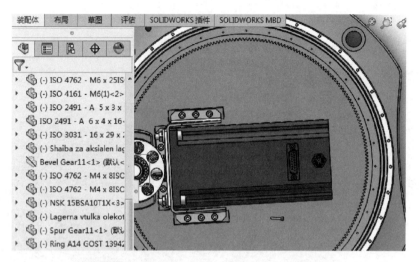

图 4-128 插入 ISO 4762 – M2 × 12ISO 螺栓零件

（1）设定螺栓与齿圈固定套圆孔的配合关系为同轴心，如图 4-129 所示。

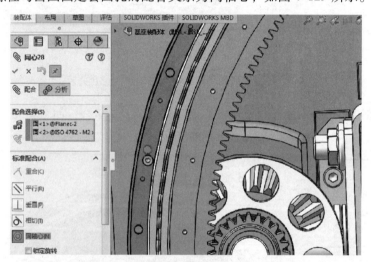

图 4-129 螺栓与齿圈固定套的配合关系（1）

（2）设定螺栓端面与齿圈固定套上表面的配合关系为重合，如图 4-130 所示。

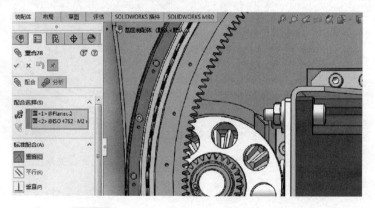

图 4-130 螺栓与齿圈固定套的配合关系（2）

步骤 58　单击"圆周阵列"特征，实例数 36，要阵列的零部件"ISO 4762 – M2 × 12ISO 螺栓"，如图 4-131 所示。

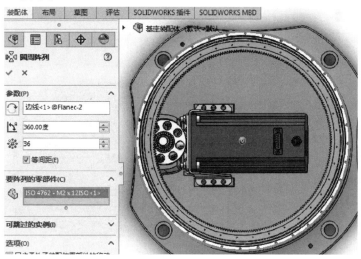

图 4-131　圆周阵列

步骤 59　单击"插入零部件"，找到指定文件夹中 Stoika za buksite 接线端口板零件并插入，如图 4-132 所示。

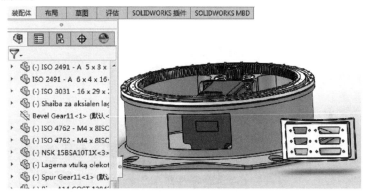

图 4-132　插入 Stoika za buksite 接线端口板零件

步骤 60　单击"配合"，设定接线端口板与基座的配合关系。

（1）设定接线端口板上侧面与基座一侧面的配合关系为重合，如图 4-133 所示。

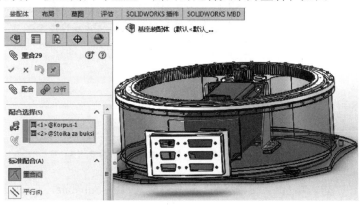

图 4-133　接线端口板与基座的配合关系（1）

（2）设定接线端口板左侧面与基座一侧面的配合关系为重合，如图 4-134 所示。

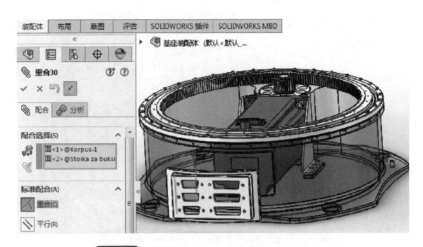

图 4-134 接线端口板与基座的配合关系（2）

（3）设定接线端口板内表面与基座的配合关系为同轴心，如图 4-135 所示。

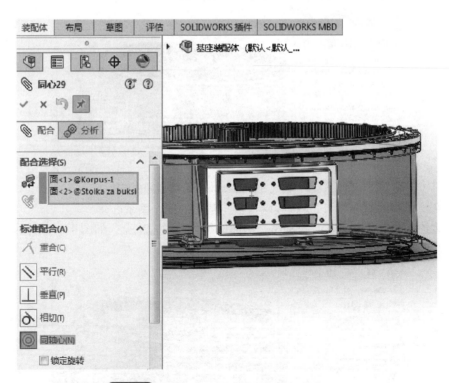

图 4-135 接线端口板与基座的配合关系（3）

步骤 61 单击"插入零部件"，找到指定文件夹中 D – SubMale. Crimp15ckt 接线端子零件并插入，如图 4-136 所示。

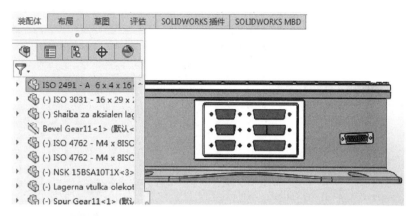

图 4-136 插入 **D – SubMale. Crimp15ckt 接线端子零件**

步骤 62 单击"配合",设定接线端子与接线端口板的配合关系。

（1）设定接线端子右端孔与接线端口板孔的配合关系为同轴心，如图 4-137 所示。

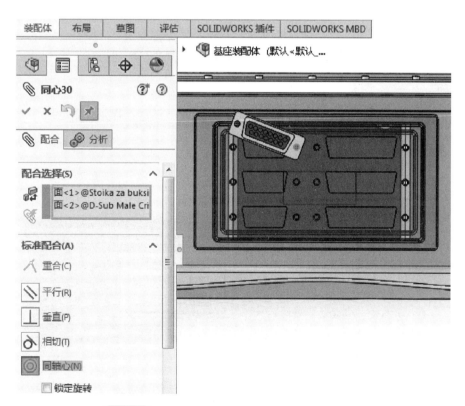

图 4-137 接线端子与接线端口板的配合关系（1）

（2）设定接线端子左端孔与接线端口板孔的配合关系为同轴心，如图 4-138 所示。

步骤 63 单击"插入零部件"，找到指定文件夹中 ISO 7380 – M3 × 6 螺钉零件并插入，如

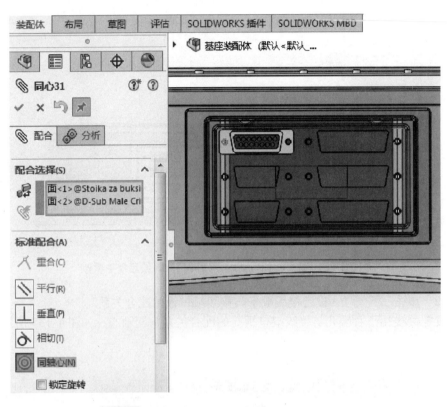

图 4-138   接线端子与接线端口板的配合关系（2）

图 4-139 所示。

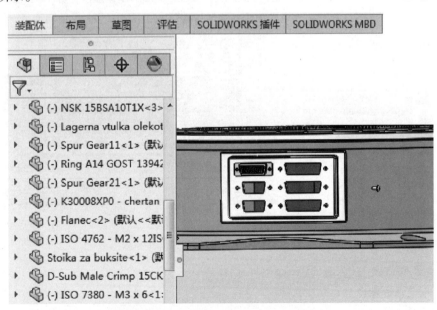

图 4-139   插入 ISO 7380 - M3 ×6 螺钉零件

步骤 64   单击"配合"，设定螺钉与接线端子的配合关系。

（1）设定螺钉与接线端子左侧孔的配合关系为同轴心，如图 4-140 所示。

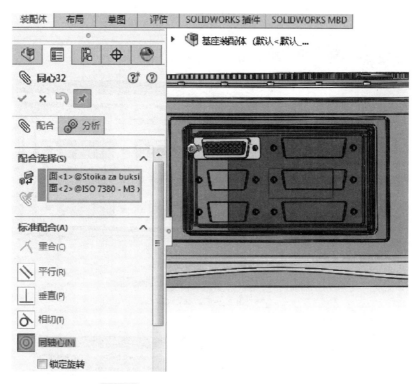

图 4-140　螺钉与接线端子的配合关系（1）

（2）设定螺钉端面与接线端口板表面的配合关系为重合，如图 4-141 所示。

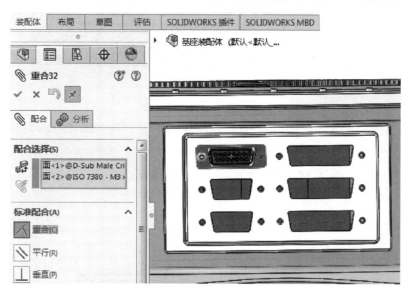

图 4-141　螺钉与接线端子的配合关系（2）

步骤 65　单击"镜向零部件"，镜向基准面"右视基准面"，要镜向的零部件"ISO 7380 – M3 ×6 – 1"螺钉，如图 4-142 所示。

步骤 66　单击"线性阵列"，方向（向下），间距 18.00mm，实例数 3，要阵列的零部件"D – SubMale Crimp15CKT 接线端子、ISO 7380 – M3 ×6 螺钉两个"，如图 4-143 所示。

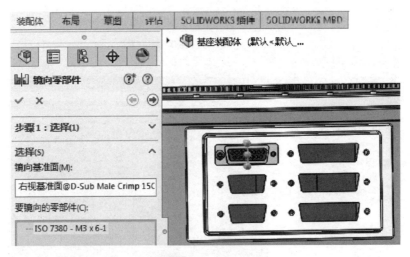

图 4-142　镜向零部件

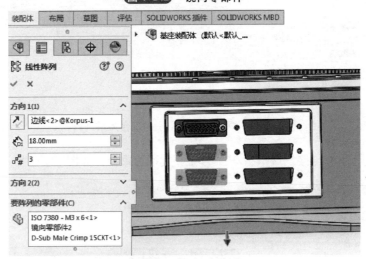

图 4-143　线性阵列处理

步骤 67　单击"插入零部件"，找到指定文件夹中 D - SubMale Crimp15CKT 接线端子零件并插入，如图 4-144 所示。

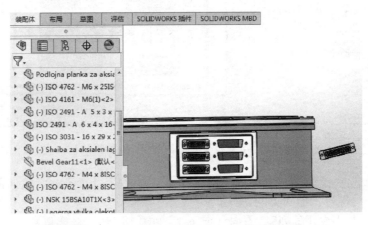

图 4-144　插入 D - SubMale Crimp15CKT 接线端子零件

步骤 68　单击"配合",设定接线端子与接线端口板孔的配合关系。

(1) 设定接线端子左端孔与接线端口板孔的配合关系为同轴心,如图 4-145 所示。

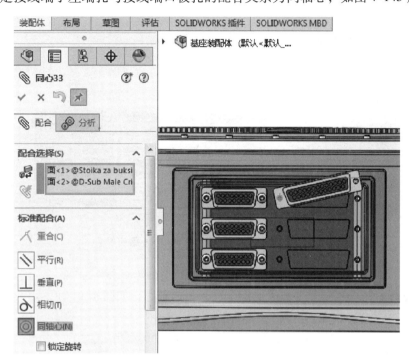

图 4-145　接线端子与接线端口板孔的配合关系 (1)

(2) 设定接线端子右端孔与接线端口板孔的配合关系为同轴心,如图 4-146 所示。

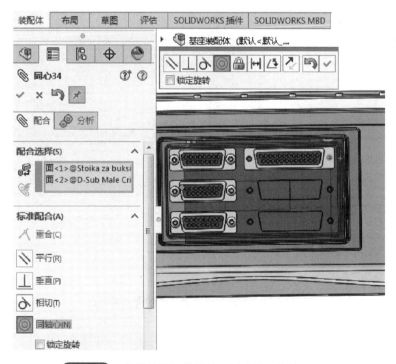

图 4-146　接线端子与接线端口板孔的配合关系 (2)

步骤69 单击"插入零部件",找到指定文件夹中 ISO 7380 – M3 ×6 螺钉零件并插入,如图 4-147 所示。

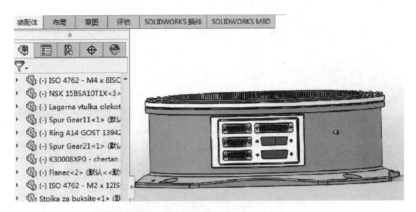

图 4-147 插入 ISO 7380 – M3 ×6 螺钉零件

步骤70 单击"配合",设定螺钉与接线端子的配合关系。

(1) 设定螺钉与接线端子左侧孔的配合关系为同轴心,如图 4-148 所示。

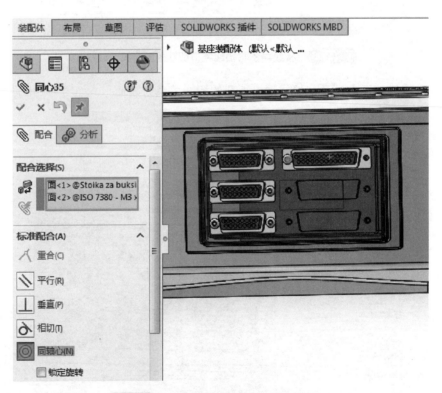

图 4-148 螺钉与接线端子的配合关系 (1)

(2) 设定螺钉端面与接线端口板表面的配合关系为重合,如图 4-149 所示。

步骤71 单击"插入零部件",找到指定文件夹中 ISO 7380 – M3 ×6 螺钉零件并插入,如图 4-150 所示。

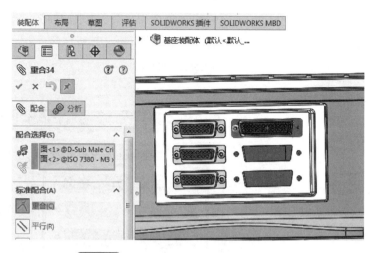

图 4-149 螺钉与接线端子的配合关系（2）

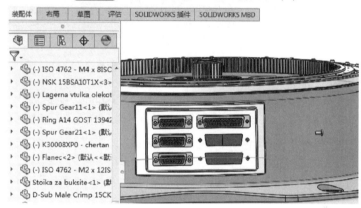

图 4-150 插入 ISO 7380 – M3 ×6 螺钉零件

步骤 72 单击"配合"，设定螺钉与接线端子的配合关系。

（1）设定螺钉与接线端子右侧孔的配合关系为同轴心，如图 4-151 所示。

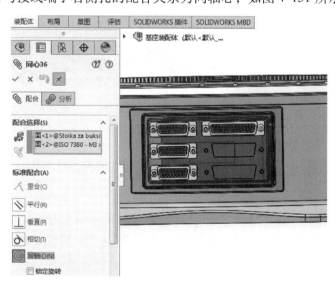

图 4-151 螺钉与接线端子的配合关系（1）

（2）设定螺钉端面与接线端口板表面的配合关系为重合，如图 4-152 所示。

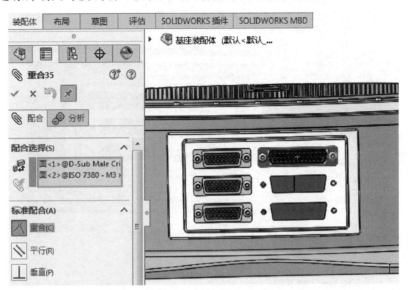

图 4-152 螺钉与接线端子的配合关系（2）

步骤 73 单击"线性阵列"，方向（向下），间距 18.00mm，实例数 3，要阵列的零部件"D – Sub Male Crimp25CKT 接线端子、ISO 7380 – M3 ×6 螺钉两个"，如图 4-153 所示。

图 4-153 线性阵列处理

单击"确定"，完成基座部件装配。

步骤 74 单击"保存"，将"基座. sldasm"保存到指定文件夹。

4.2.3 小结

本节主要完成基座部件的装配任务，装配过程中我们根据实际生产安装顺序来完成各零部件的组装。通过零部件的虚拟装配，我们可以检验所设计的零件是否存在错误，检测所设计的零件是否在装配中存在干涉问题，通过装配可以实现设计优化，通过装配也可以对真实生产起到指导作用。

4.3   练习与提高

根据图 4-154 所示工程图样，完成零件建模和装配。

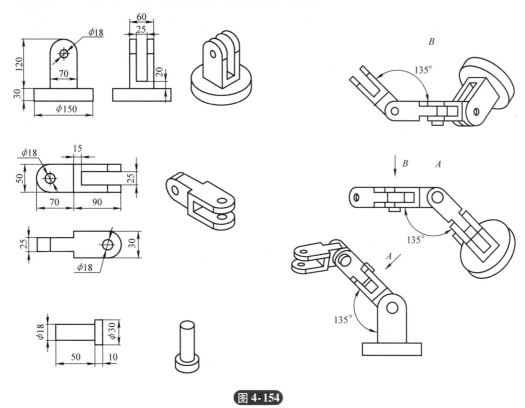

图 4-154

Chapter 5

第 5 章

工程图创建

5.1 工程图概述

课前导读

视图是指将人的视线规定为平行投影线，然后正对着物体看过去，将所见物体的轮廓用正投影法绘制出来的图形。工程上，习惯将投影图称为视图。一个物体有六个视图，常用的有三个：主视图（或正视图）指从物体的前面向后面投射所得的视图，它能反映物体的前面形状；俯视图指从物体的上面向下面投射所得的视图，它能反映物体的上面形状；左视图（侧视图）指从物体的左面向右面投射所得的视图，它能反映物体的左面形状。

三视图是主视图（正视图）、俯视图、左视图（侧视图）的总称，在工程上常用三视图来表达一个物体。通常，一个视图只能反映物体一个方位的形状，不能完整反映物体的结构和形状。而三视图是从三个不同方向对同一个物体进行投射的结果，另外还有全剖视图、半剖视图等作为辅助，基本上能完整表达物体的结构。

5.2 千斤顶典型零部件工程图创建

本节学习要点：

◇ 掌握铰杠工程图创建过程。

◇ 掌握底座工程图创建过程。

◇ 掌握千斤顶爆炸工程图创建过程。

5.2.1 铰杠工程图创建

1. 新建工程图

步骤 1 在 SolidWorks 文件中，单击"工程图"，如图 5-1 所示。

步骤 2 单击"高级"，选择 gb_a3 号图纸，如图 5-2 所示。

单击"确定"按钮，进入工程图界面。将该工程图命名为"铰杠 . slddrw"，保存文件到指定文件夹。

2. 生成工程图

步骤 3 在视图布局中，单击"模型视图"—"浏览"，找到铰杠所在文件夹，单击打开，如图 5-3 所示。

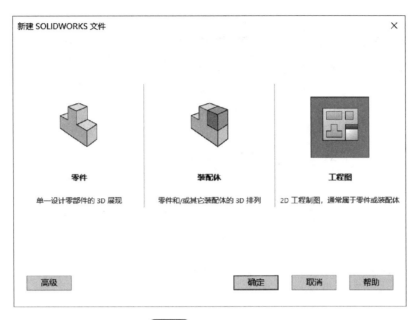

图 5-1　生成工程文件

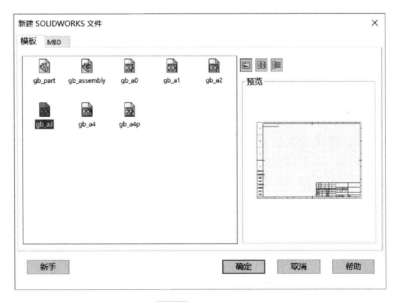

图 5-2　选择图纸

图 5-3　查找铰杠零件

步骤4　在左侧状态栏中，选择标准视图中"前视图"（默认视图设置），显示样式"消除隐藏线"保证其他选项为默认设置，如图5-4所示。

步骤5　将指针移动到窗口区域，注意鼠标指针变化情况，同时可以看到会有矩形框随鼠标指针一起移动，将鼠标指针移至图纸左上方，按下鼠标左键，生成第一个视图；将鼠标指针向右拖动，生成第二个视图；将鼠标指针移动至第一个视图，然后向下拖动，在合适的位置生成第三个视图，如图5-5所示。

步骤6　当用鼠标单击选中某视图后，按住鼠标左键不放，可以拖动该视图移动。若按住Shift键不放，拖动视图，可以使视图整体移动。

使用过程中，如果觉得用鼠标拖动视图的方式不够精确，可以使用方向键来调整视图位置。操作方法是：单击选中要移动的视图，出现虚线框表示已经

图 5-4　模型视图设置

选中。按下方向键的上下左右箭头，调整视图至合适位置。本图纸使用的模板，默认的键盘移动增量为 10mm，如果需要修改该数值，单击"工具"—"选项"—"系统选项"—"工程图"—"键盘移动增量"来改变。

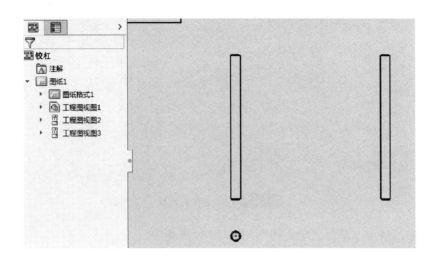

图 5-5　创建三个视图

本教程中讨论的视图投影类型均为第一视角。如果要切换投射方向，可在左侧"设计树"栏中，选择"图纸（图纸 1）"，单击鼠标右键，选择"属性"，进行修改，如图 5-6 所示。

图 5-6　图纸属性设置

步骤 7　在视图布局中，单击"局部视图"，样式"带引线"，标号"I"，显示样式"消除隐藏线"，比例"使用自定义比例 2 : 1"，如图 5-7 所示。

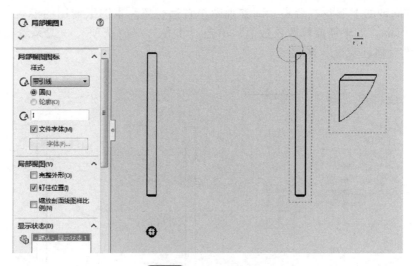

图 5-7　视图布局设置

步骤 8　在注解中，单击"中心线"，勾选"选择视图"，如图 5-8 所示。

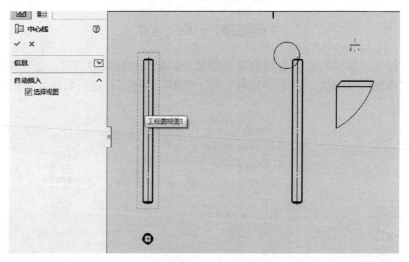

图 5-8　注解设置

3. 工程图尺寸标注

在 SolidWorks 中，工程图中各视图的尺寸是与模型相关联的，零件或装配体模型中的尺寸变更会反映到工程图中。SolidWorks 工程图的尺寸标注有两种方法：

（1）使用模型尺寸直接将绘制零件时使用的草图尺寸和特征尺寸插入到工程图中，可以选择插入所有视图或特定视图。当模型中的尺寸改变时，工程视图中的尺寸也会同步变化。读者也可以直接在工程图中双击并修改模型尺寸，零件或装配体中的模型也会同步发生更改。

（2）使用参考尺寸在工程图中标注的尺寸，该尺寸为"从动尺寸"，读者无法通过修改"从动尺寸"来修改模型，但是当零件或装配体中的模型发生变化时，工程图中的"从动尺寸"也会同步修改。

步骤 9　在注解中单击"模型项目"，其中，来源"整个模型"，尺寸"为工程图标注"，如图 5-9 所示。如果之前在来源中选择"所选特征"，则 SolidWorks 工程图将根据读者所选择的模型中的特征来标注特征尺寸。

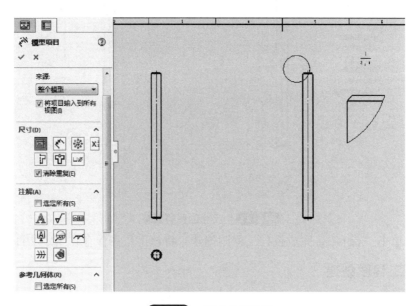

图 5-9　模型特征设置

单击"√"，所有尺寸将会标注，如图 5-10 所示。

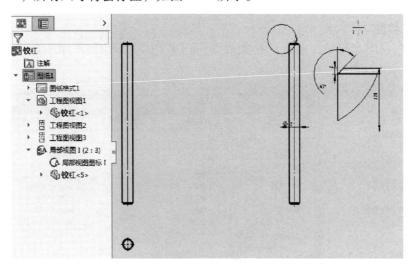

图 5-10　尺寸标注

对比模型中的草图尺寸和工程图中标注的尺寸，可以看出，工程图中自动出现的尺寸标注和草图中的尺寸标注是相同的。使用模型尺寸进行标注的原理就是直接使用零件建模时草图和特征的尺寸，所以在进行零件设计时，用户应尽可能地使草图尺寸标注更加合理，放置尺寸尽量美观，这样在工程图时可以非常方便地调用。

步骤 10　对工程图中各尺寸位置进行适当调整，如图 5-11 所示。提示：按住 Shift + 鼠标左键，移动尺寸；按住 Ctrl + 鼠标左键，复制尺寸。

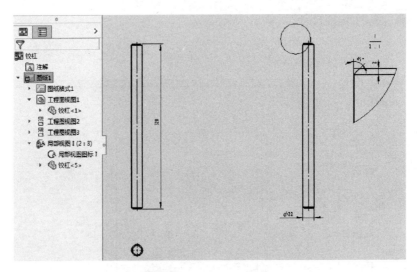

图5-11　尺寸位置的调整

步骤11　单击"保存",完成铰杠工程图创建,将该工程图保存在指定文件夹。

5.2.2　底座工程图创建

1. 新建工程图

步骤1　在 SolidWorks 软件中,单击"新建",选择"工程图"单击"高级",在"模板"中选择 gb_a3 号图纸,单击"确定"按钮,进入工程图界面。将该工程图命名为"底座.slddrw",保存文件到指定文件夹。

2. 生成工程图

步骤2　在视图布局中,单击"模型视图"—"浏览",找到底座所在文件夹,单击打开,如图 5-12 所示。

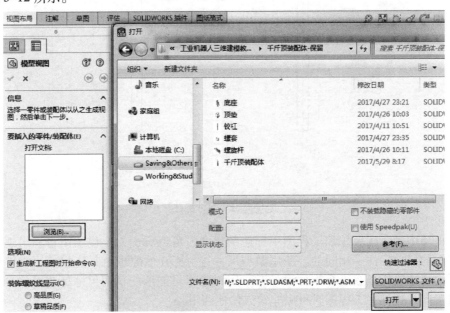

图5-12　查找底座零件

步骤 3　在左侧状态栏中，选择标准视图中的"前视图"（默认视图设置），显示样式"消除隐藏线"保证其他选项为默认设置。将鼠标指针移至图纸左上方，按下鼠标左键，生成第一个视图；将鼠标指针向右拖动，生成第二个视图；将鼠标指针移动至第一个视图，然后向下拖动，在合适的位置生成第三个视图；将鼠标指针移动至第一个视图，随后向右下角拖动，选择合适的位置放置轴测图，如图 5-13 所示。

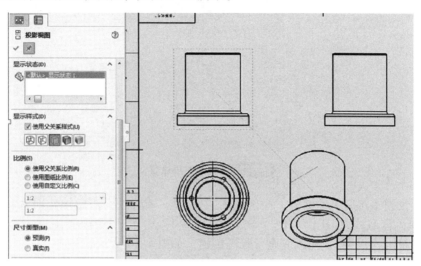

图 5-13　创建三个视图

步骤 4　在左侧"设计树"栏中，选择"图纸（图纸 1）"，单击鼠标右键，选择"图纸属性"，比例（S）1:2，如图 5-14 所示。

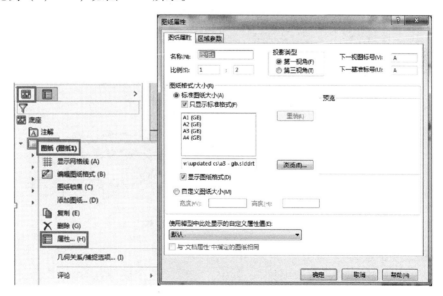

图 5-14　图纸属性设置

步骤 5　在注解中，单击"中心线"，给主视图和左视图添加中心线。

步骤 6　在草图中，单击"边角矩形"，在主视图上，自中心线向右侧画一矩形。

步骤 7　在视图布局中，单击"断开的剖视图"，深度"边线 1"，如图 5-15 所示。单击"确认"按钮。

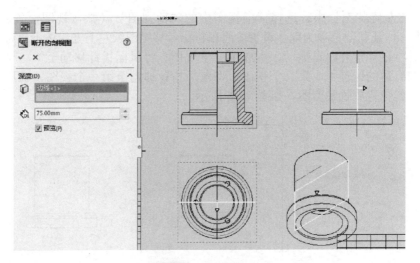

图 5-15 视图布局设置

步骤 8 在视图布局中，单击"局部视图"，样式"带引线"，标号分别为"Ⅰ""Ⅱ"，显示样式"消除隐藏线"，比例"使用自定义比例 2∶1"。

步骤 9 单击"保存"，完成底座工程图创建，如图 5-16 所示。

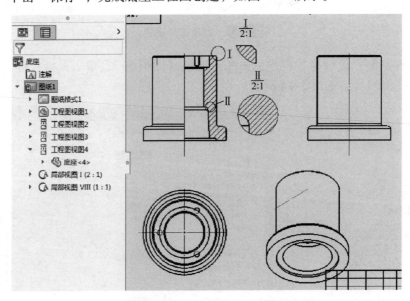

图 5-16 完成底座工程图创建

3. 工程图尺寸标注

步骤 10 在注解中单击"模型项目"，其中，来源"整个模型"，尺寸"为工程图标注"，单击任意视图，所有尺寸将会标注，如图 5-17 所示。

步骤 11 对工程图各尺寸位置进行适当调整，如图 5-18 所示。

步骤 12 如果觉得工程图中标注尺寸的字体太小，可以在零件属性框中，单击"其他"—"字体"—"点"，选择"初号"或"小初"字体，单击"确定"按钮，如图 5-19 所示。

步骤 13 单击"保存"，完成底座工程图的创建，将该工程图保存在指定文件夹。

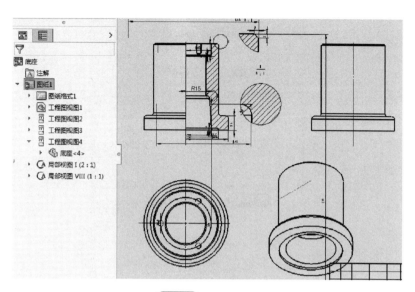

图 5-17　尺寸标注

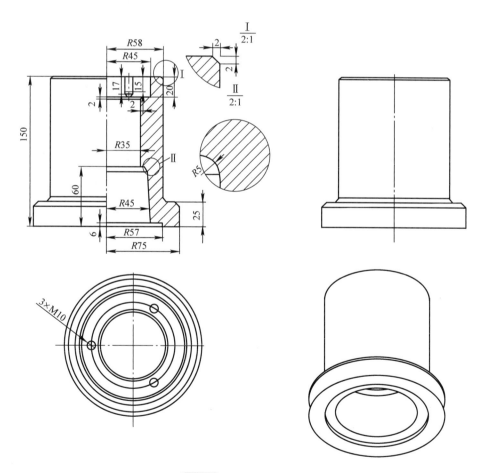

图 5-18　尺寸位置调整

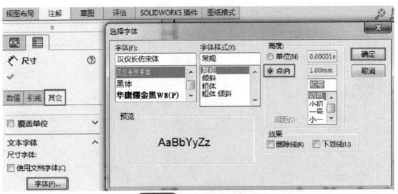

图 5-19　字体大小调整

5.2.3　千斤顶爆炸工程图

步骤1　新建一工程图文件，命名为"千斤顶装配体-2.slddrw"，单击"确定"按钮。

步骤2　单击"视图调色板"，单击"浏览以打开文件"，找到之前保存的"千斤顶装配体.sldasm"文件，在右下角视图预览框中，选择"爆炸等轴测"，将视图拖入工程图纸，如图 5-20 所示。

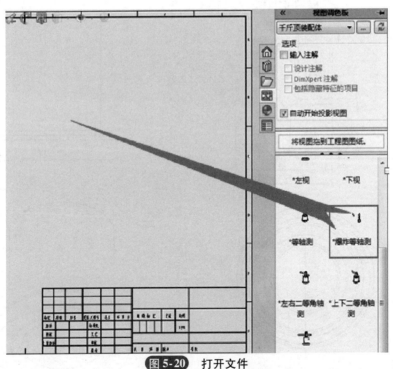

图 5-20　打开文件

步骤3　在"工程图视图"中，显示状态为"默认显示状态1"，显示样式为"带边线上色"，如图 5-21 所示。

单击"确定"按钮。

步骤4　选择"注解"，单击"表格"，选择"材料明细表"，如图 5-22 所示。

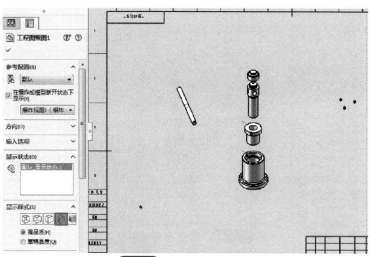

图 5-21　工程图视图设置

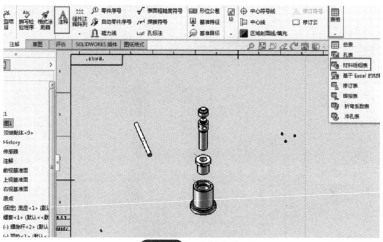

图 5-22　选择表格

步骤 5　在"材料明细表"中，类型为"仅限零件"，如图 5-23 所示。

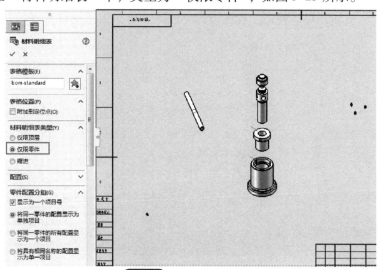

图 5-23　材料明细表设置

单击左上角"√",生成零件明细表,如图5-24所示。

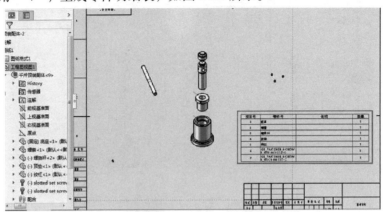

图 5-24　生成零件明细表

将零件明细表移动至适当位置,单击"确定"按钮。

步骤6　选择"注解",单击"自动零件序号"项目号,起始于"1",增量"1",如图5-25所示。

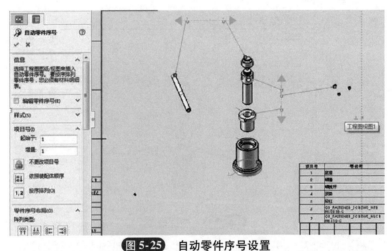

图 5-25　自动零件序号设置

单击"确定"按钮,爆炸视图工程图设计完成,如图5-26所示。

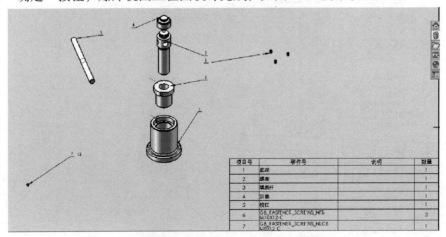

图 5-26　完成的爆炸视图工程图

步骤 7　单击"保存"，完成"千斤顶装配体 – 2. slddrw"爆炸工程图创建，将该文件保存在指定文件夹中。

5.2.4　小结

本节主要介绍了千斤顶中各零件的工程图创建。重点介绍了在工程图中各种工程视图命令的使用方法，以及修改已有工程图的属性等，还介绍了在模型视图中相关命令的使用方法。

在实际工作中，学会如何操作软件是必需的，但对于绘制高质量的工程图来说，更重要的是设计人员应掌握绘制二维图样的必备知识，尽可能使零件图样表达既简单又利于识读。

5.3　大臂零件工程图创建

本节学习要点：

◇ 掌握新建工程图文件。

◇ 掌握大臂零件工程图创建过程。

◇ 掌握工程图中标题栏的设置。

5.3.1　任务引入

在实际生产中，我们需要将三维造型转换成二维工程图，要建立工程图，首先要生成标准的三视图，然后在三视图的基础上生成剖视图、断面图、向视图等，完成工程图后还要在工程图上进行尺寸标注和工程技术要求的标注。

根据大臂壳体的形体特征，在主视图的投影方向上选择壳体轴线的垂直面为前视面，其形体上下结构对称，壳体主体结构比较简单。在表达方法上选择主视图为基本视图、俯视图为全剖视图加局部剖视图，主要表达电机座的螺孔结构。大臂壳体工程图如图 5-27 所示。

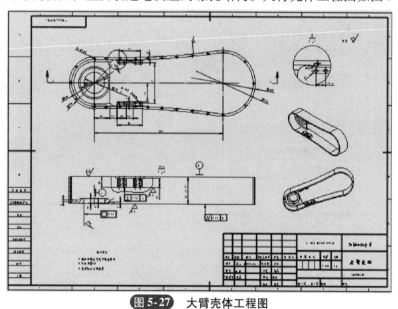

图 5-27　大臂壳体工程图

5.3.2　大臂工程图创建

一、生成工程图

SolidWorks 软件中提供了两种生成工程图的方法，由"新建"命令创建一个空白的工程图，或从打开的零件或者装配体直接生成工程图。需要注意的是，零件或装配体在生成其关联的工程图前必须保存。

1. 建立工程图文件

步骤1 单击工具栏中的"新建"按钮，或者选择菜单栏中的"文件"按钮，单击"新建"命令，弹出"新建 SolidWorks 文件"对话框，选择"工程图"文件，单击"确定"按钮，弹出"默认图纸"及设计树，如图 5-28 所示。

步骤2 如果默认图纸规格不满足设计要求，则单击设计树中的"图纸格式"对话框，如图 5-29 所示。

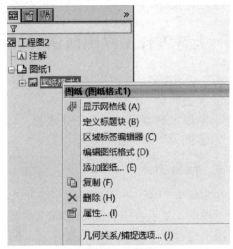

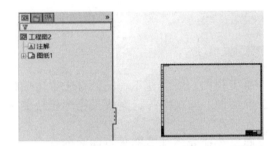

图 5-28 新建工程图文件

图 5-29 图纸格式

步骤3 单击"属性"，便得到"图纸属性"对话框，如图 5-30 所示。

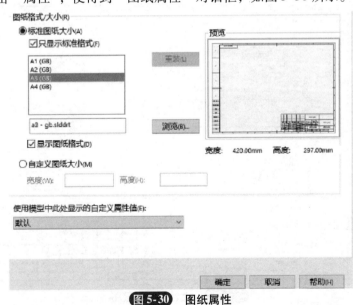

图 5-30 图纸属性

在图纸属性对话框中，从"标准图纸大小"列表框中选择欲使用的图纸规格，"预览"选项显示图纸的格式，选项下方显示图纸的"宽度"和"高度"，单击"确定"按钮，生成一张指定图纸大小的空白图纸。

步骤4 单击"视图布局"工具栏中的"模型视图"按钮，弹出"模型视图"属性管理器，单击"浏览"按钮，弹出"打开"对话框，如图 5-31 所示。

图 5-31　"模型视图"属性设置

步骤 5　浏览到"大臂壳体"零件，选择该零件，单击"打开"按钮，移动鼠标至绘图区的合适位置，单击左键以放置第一个工程图，移动鼠标，软件将根据鼠标和第一个工程视图的位置方向关系，生成相应的投影视图，如图 5-32 所示。

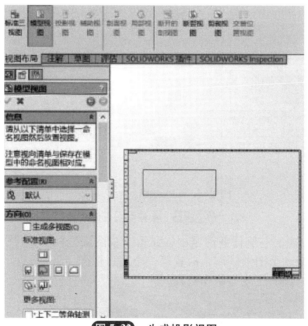

图 5-32　生成投影视图

步骤 6　单击标准工具栏中的"保存"按钮，将该工程图命名为"大臂壳体.slddrw"，并保存到指定文件夹。

2. 从零件/装配体生成工程图

当欲生成工程图的零件或者装配体处于打开状态时，使用"从零件/装配体制作工程图"命令，将新建一个工程图文件，并将当前打开的零件或者装配体添加到工程图中。

步骤7 打开"大臂壳体"零件。选择菜单栏中的"文件",单击"从零件/装配体制作工程图"按钮,软件自动建立一个新的工程图文件,弹出"图纸格式/大小"对话框,如图5-33所示。

图 5-33 新建工程图

步骤8 选择图纸规格 A0 – A5,如果已设置默认规格,此规格又不是希望得到的规格,则在进入工程图界面后,在左侧区域的设计树一侧用右键单击"图纸格式",找到属性并设置。完成设置后,单击"确定"按钮,进入工程图界面,如图5-34所示。

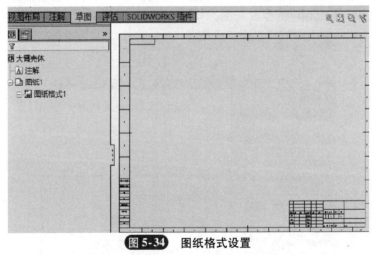

图 5-34 图纸格式设置

步骤9 在用户界面的右侧任务窗格中,显示"视图调色板",如图5-35所示。从该标签中选择一个投影视图拖动至图纸区域,放置第一个工程视图。

二、大臂壳体工程图的生成与制作过程

1. 新建工程图文件

步骤10 打开 SolidWorks 软件,选择工程图并进入工程图界面,在"视图布局"工具栏中单击"模型视图"按钮,弹出"模型视图"属性管理器,单击"浏览"按钮,弹出"打开"对话框,浏览到"大臂壳体"零件,选择该零件,单击"打开"按钮,如图5-36所示。

> **小提示:**"模型视图"属性管理器中包含了丰富的信息,用户可以通过当前的"模型视图"属性管理器设置第一个"模型视图"(工程视图)的选项,下面介绍其中一部分选项的使用方法和作用。

◇"方向"选项:"标准视图"列表里提供了七种标准视图,用于指定欲放置的"模型视

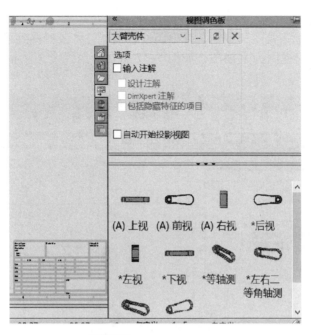

图 5-35 "视图调色板"

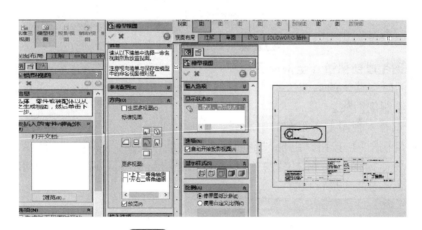

图 5-36 插入"大臂壳体"零件

图"(工程视图)的视图方向,将鼠标移到某视图的图标上,将显示该视图的名称。勾选"预览"复选框,将鼠标移到绘图区区域,预览显示当前欲生成的工程视图结果,选择合适的视图方向来生成"模型视图"(工程视图)。当勾选"更多视图"按钮时,"标准视图"列表中能选择多个视图方向。在实际制图过程中,通常不选择"更多视图"选项。

◇ "选项"选项:勾选该选项下"自动开始投影视图"复选框,在放置完成"模型视图"(工程视图)后,将自动激活"投影视图"命令,并以当前的"模型视图"(工程视图)为父视图,拖动鼠标以放置"投影视图"(工程视图)。

◇ "显示样式"选项:设置"模型视图"中模型的显示样式,从绘制工程图的角度来考虑,通常使用默认的设置"消除隐藏线"样式。

◇ "比例"选项:默认设置为"使用图纸比例",如果"使用图纸比例"使得视图的大小与图纸大小不和谐,那么就可以通过"使用自定义比例"选项来设置工程视图的比例。

2. 基本视图的建立

步骤 11 单击"模型视图"按钮，弹出属性管理器，将鼠标移到绘图区区域，预览显示默认当前欲生成的工程视图为主视图，如图 5-37 所示，按投影关系拖点自动生成相应的俯视图。

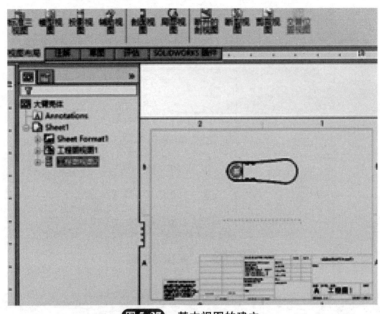

图 5-37 基本视图的建立

3. 将俯视图生成剖视图（全剖视图）

建立剖视图时，默认的草图工具为"直线"，如果没有预设剖切线，系统自动激活"直线"工具，以绘制剖切线。

步骤 12 选择主视图上所绘制的中心线，单击"工程图"工具栏上的"剖面视图"（国家标准中为"剖视图"）按钮，出现"剖面视图"属性管理器，如图 5-38 所示。

步骤 13 将鼠标移到适当的位置，得到默认状态的剖视图，如图 5-39 所示。但这不符合我国的国家标准，为此应进行设置。

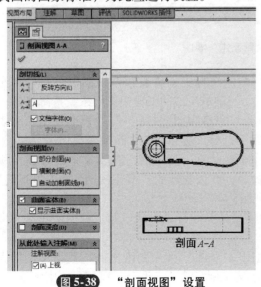

图 5-38 "剖面视图"设置

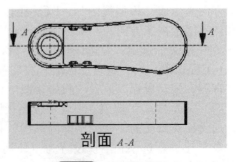

图 5-39 剖视图的生成

步骤 14 单击"工具"中的"选项"按钮，弹出"系统选项"，如图 5-40 所示。

图 5-40 "系统选项"设置

步骤 15 选择"文档属性"，弹出"文档属性 – 绘图标准"，如图 5-41 所示。

图 5-41 "文档属性"的设置

步骤 16 单击"绘图标准"，在"总绘图标准"，选"GB – 修改"，再单击"视图"，选择"剖面视图"并按照要求进行设置，得到标准的剖视图，如图 5-42 所示。

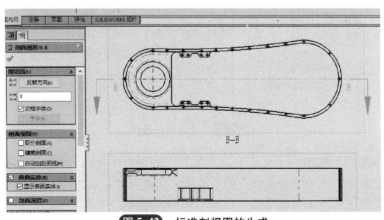

图 5-42 标准剖视图的生成

4. 在俯视图上生成断开的剖视图（局部剖视图）

断开的剖视图即通常所说的局部剖视图，是现有工程图的一部分，并不是单独的视图。在 SolidWorks 里使用"断开的剖视图"命令生成局部剖视图。

步骤 17 断开的剖视图不能用于剖视图、局部剖视图及交替位置视图，因此需要通过"投影视图"重建基本的俯视图，如图 5-43 所示。

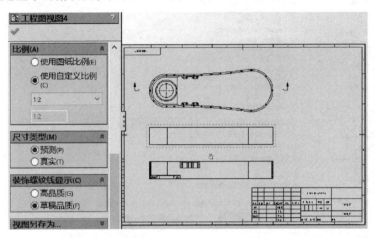

图 5-43 基本俯视图的重建

步骤 18 单击"草图"中的"样条曲线"按钮，在基本俯视图上绘制封闭的样条曲线。

步骤 19 单击封闭线框，使得封闭线框处于被选中的状态，如图 5-44 所示。

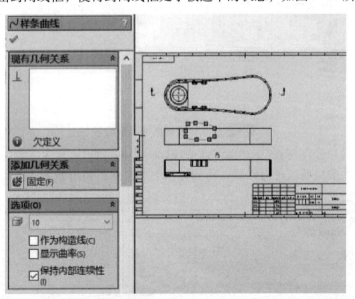

图 5-44 选中封闭线框

步骤 20 单击"工程图"工具栏上的"断开的剖视图"按钮，弹出"断开的剖视图"对话框，在"深度参考"选项中选取螺孔的中心输入深度尺寸，如图 5-45 所示。

步骤 21 选择切边线，右键单击，弹出对话框，单击"切边"对话框，选择"切边不可见"，如图 5-46 所示。

单击"确定"按钮，如图 5-47 所示。

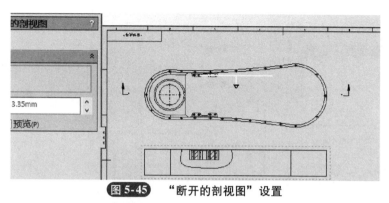

图 5-45　"断开的剖视图"设置

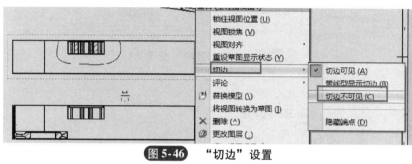

图 5-46　"切边"设置

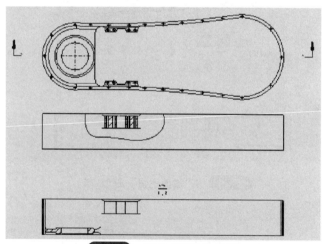

图 5-47　完成"切边"设置

步骤 22　进行视图裁剪，单击"工程图"工具栏上的"裁剪视图"按钮，弹出对话框，作样条曲线图，将需要保留部分闭合起来，如图 5-48 所示。

步骤 23　单击"裁剪视图"，便自动保留需要部分视图，将不需要部分裁剪掉，如图5-49 所示。

步骤 24　将裁剪视图拖移到剖视图中，选择裁剪视图，按住鼠标左键，拖到剖视图中并与原结构重合，如图 5-50 所示。这样便将全剖的俯视图改画成二次剖。

5. 局部视图对小结构进行放大

局部视图是将物体的一部分向基本投影面投射所得的视图。在 SolidWorks 里，通过局部视图命令生成局部视图，在视图中使用草图几何体包围所需要放大的部分，通常是圆或其他封闭的轮廓，系统默认为圆。

步骤 25　单击"工程图"工具栏上的"局部视图"按钮，弹出对话框，在指定位置画

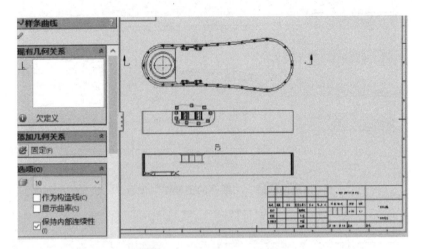

图 5-48　"裁剪视图"处理（1）

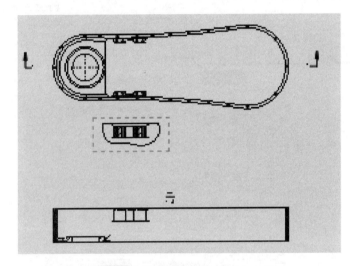

图 5-49　"裁剪视图"处理（2）

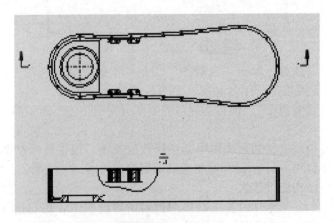

图 5-50　视图组合

圆，便自动生成局部结构的放大图，如图 5-51 所示。

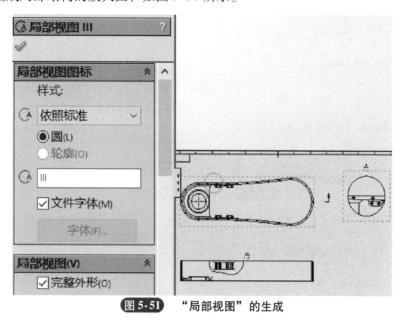

图 5-51 "局部视图"的生成

6. 中心线与中心符号线

中心线常用于圆柱面、圆锥面及对称面，中心符号线常用于工程图里的圆形边线上添加中心符号。

步骤 26 单击"注解"工具栏中的"中心线"按钮，弹出"中心线"属性管理器，提示选择参考实体，单击框边，则自动生成两条边线之间的中心线，如图 5-52 所示。

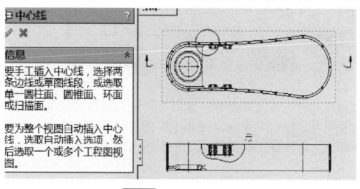

图 5-52 中心线的生成

步骤 27 单击"注解"工具栏中的"中心符号线"按钮，弹出"中心符号线"属性管理器，将鼠标移到绘图区域，单击所选图框，则图框内所有圆自动生成中心符号，如图 5-53 所示。

步骤 28 对于不能自动生成的中心线或中心符号线，通过"草图"绘制，这样大臂壳体的形体表达就基本清楚了，如图 5-54 所示。

三、尺寸标注

在视图中通过尺寸描述零件的大小，工程图中的尺寸标注是与模型相关联的，而且模型中的变更也会反映到工程图中来。可以将零件建模过程中的尺寸直接添加到工程图中，也可以通过手动方式添加尺寸标注工程图。

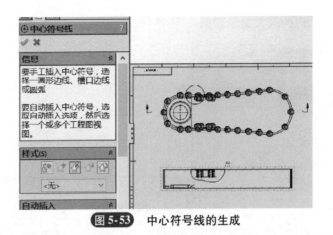

图 5-53　中心符号线的生成

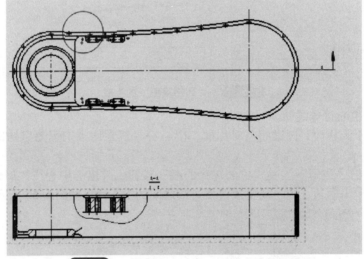

图 5-54　"草图"绘制中心线或中心符号线

1. 模型尺寸

在工程图中添加尺寸时，可以将零件在建模过程中的特征尺寸等插入到工程图中，而不需要再重新添加标注尺寸。模型尺寸在零件和工程图之间是相互关联的，修改零件模型上的尺寸会更新到工程图中，同样在工程图环境下修改插入到工程图中的模型尺寸，零件模型尺寸也将更新。

步骤 29　打开 SolidWorks 工程图文件，打开"大臂壳体"工程图，如图 5-55 所示。

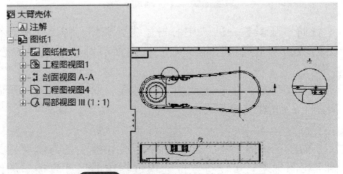

图 5-55　打开"大臂壳体"工程图

步骤 30　单击"注解"工具栏中的"模型项目"按钮，弹出"模型项目"属性管理器，如图 5-56 所示。

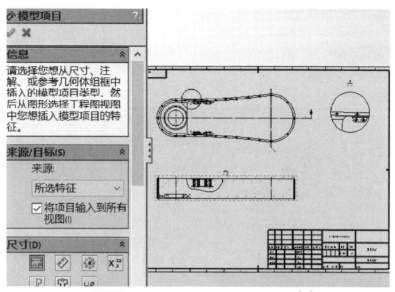

图 5-56　"模型项目"属性管理器的打开

步骤 31　单击"模型项目"在来源/目标中选"整个模型"，并勾选"将项目输入到所有视图"，在尺寸中选"为工程图标注"，单击"确定"按钮，如图 5-57 所示。很显然尺寸比较混乱，因此有必要进行整理。

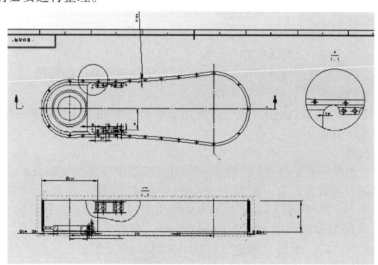

图 5-57　工程图尺寸标注

2. 调整尺寸

直接插入的模型尺寸标注不清晰，需要重新调整位置及标注形式，按照国家标准尺寸标注的要求，对上述尺寸进行调整。

1）双击需要修改的尺寸，在"修改"对话框中输入新的尺寸值，可修改尺寸。

2）在工程图视图中拖动尺寸文本，可以移动尺寸的位置，将其调整到合适的位置。

3）在拖动尺寸时按住"Shift"键，可将尺寸从一个视图转移到另一个视图上。

4）在拖动尺寸时按住"Ctrl"键，可将尺寸从一个视图复制到另一个视图中。

5）右击尺寸，在快捷菜单中选择"显示选项"中的"显示成直径"命令，更改显示方式。

6）选择所需要更改引线方式的尺寸，单击"尺寸"选择"引线"，可以更改各种不同的引线方式。

7）选择需要删除的尺寸，按住"Del"键即可删除选定尺寸。

8）将带小数的尺寸圆整到个位。

调整完毕的工程图如图5-58所示。

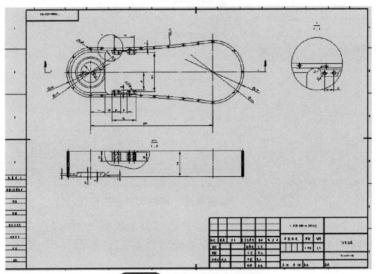

图 5-58 调整后的工程图

3. 添加从动尺寸

在进行尺寸调整过程中，可以删除一些尺寸，然后再利用"草图"中的"智能尺寸"工具重新进行标注，还可在线性尺寸前添加符号，如直径符号、螺纹代号等。

四、技术要求的标注

工程图上的技术要求一般由四方面的内容组成：尺寸公差、几何公差、表面粗糙度及技术要求文本。下面分别加以叙述。

1. 标注尺寸公差

在"尺寸"属性管理器中设置尺寸公差，并可在图纸中预览尺寸和公差。

步骤32 标注对称公差。右击图5-59中的尺寸数字"58"，出现"尺寸"属性管理器，从快捷菜单中选择"公差/精度"，在下拉菜单中单击"对称"选项，如图5-59所示。

步骤33 在上限文本框内输入"0.10mm"，将"精度"选为两位小数，选中"字体比例"单选按钮，设为"1"，单击"确定"按钮，如图5-60所示。

步骤34 单击尺寸"$\phi45$"，出现"尺寸"属性管理器，选择"公差/精度"，在下拉菜单中单击"双边"选项，如图5-61所示。

步骤35 在上限文本框内输入"0.033mm"，在下限文本框内输入"0.000mm"，将"精度"选为三位小数，单击"确定"按钮，如图5-62所示。

2. 标注几何公差

标注几何公差之前，一般应先标注基准特征，再标注几何公差。

步骤36 单击"注解"工具栏上的"基准特征"按钮，出现"基准特征"属性管理器，进行适当设置，选择要标注的基准并加以确认，拖动预览，完成基准的标注，如图5-63所示。

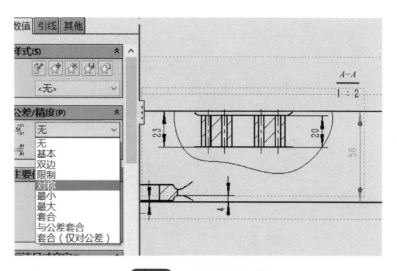

图 5-59 对称公差的标注

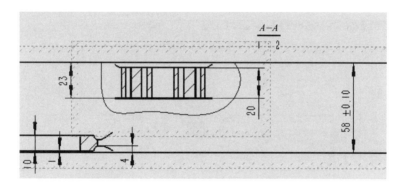

图 5-60 "尺寸精度"与"字体比例"的设置

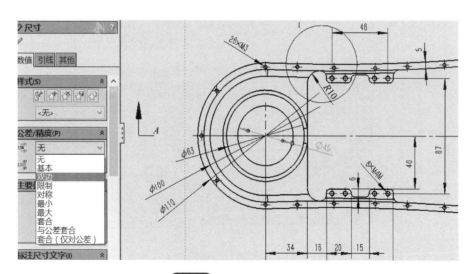

图 5-61 双边公差的标注

步骤 37 单击"注解"工具栏上的"形位公差"（国家标准中为"几何公差"）按钮，出现"属性"对话框，如图 5-64 所示。

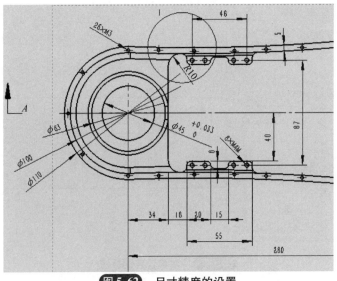

图 5-62　尺寸精度的设置

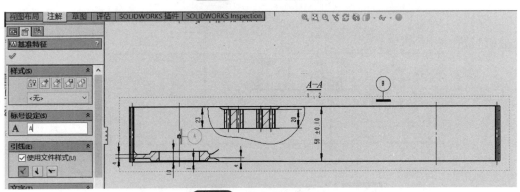

图 5-63　基准特征的标注

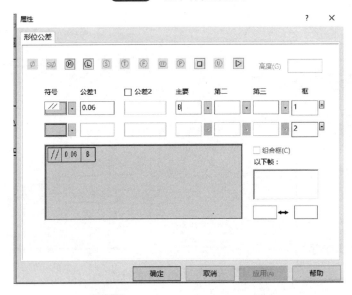

图 5-64　"形位公差"属性的设置

1）选择几何公差符号。

2）在"公差1"文本框中输入公差值。

3）在"主要""第二""第三"文本框中分别输入几何公差主要、第二、第三基准。

根据功能分析与性能要求，将以上几何公差符号标注在图中的大臂壳体的零件上，如图5-65所示。

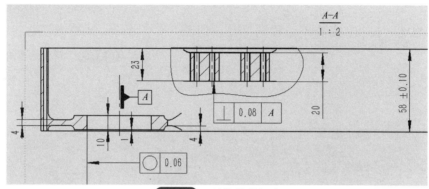

图 5-65　形位公差标注

3. 标注表面粗糙度

步骤38　单击"注解"工具栏上的"表面粗糙度符号"按钮，出现"表面粗糙度"管理器，如图5-66所示。

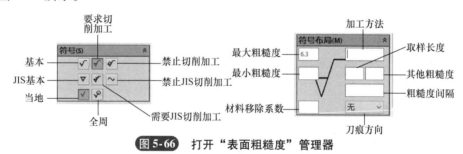

图 5-66　打开"表面粗糙度"管理器

步骤39　选择"要求切削加工"按钮，输入"粗糙度"数值，如"6.3""3.2"等，并指向需要标注的表面上，如图5-67所示。

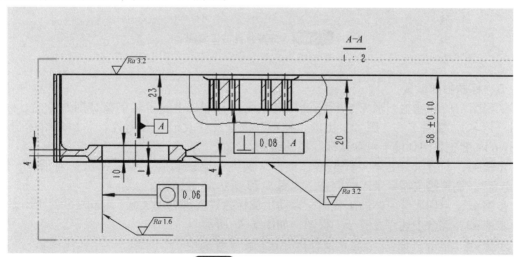

图 5-67　表面粗糙度标注

4. 标注技术要求文本

步骤40 单击"注解"工具栏上的"注释"按钮，指针在图纸区域适当位置选取文本输入范围，单击文本区域出现光标后，输入所需的文本，按"Enter"键换行，单击"确定"按钮，完成技术要求的编写，如图5-68所示。

单击"确定"按钮，完成该工程图标注，如图5-69所示。

技术要求

1.铸件不得有气孔等铸造缺陷。
2.未注圆角R2。
3.须进行去毛刺处理。

图 5-68 "技术要求"标注

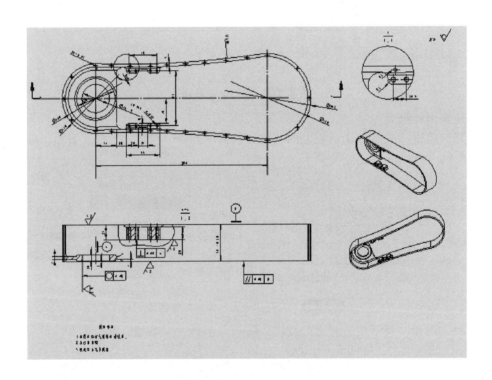

图 5-69 完成标注的工程图

五、标题栏的设置

工程图中的标题栏，通常包括：设计者、设计日期、审核者、审核日期、工艺、标准、公司（厂名）、零件名称、图号、比例、材料、重量及修改记录等内容。下面介绍标题栏在SolidWorks的工程图环境下对默认标题栏的编辑。

步骤41 打开大臂壳体零件模型，单击"属性"会跳转到"摘要信息"对话框，选择"自定义"，完善修改需要录入的信息，如图5-70所示。

步骤42 返回大臂壳体的工程图，自动生成标题栏（即自动关联），如图5-71所示。

步骤43 综合上述完成整个工程图，如图5-72所示。

步骤44 单击"保存"，将该文件保存在指定文件夹中。

	属性名称	类型		数值 / 文字表达	评估的值
8	设计	文字	∨	张三	张三
9	审核	文字	∨	李四	李四
10	标准审查	文字	∨	王五	王五
11	工艺审查	文字	∨	马六	马六
12	批准	文字	∨	赵七	赵七
13	日期	文字	∨	2017.04.23	2017.04.23
14	校核	文字	∨	钱八	钱八
15	主管设计	文字	∨	沈九	沈九
16	校对	文字	∨	周十	周十
17	审定	文字	∨		
18	阶段标记S	文字	∨		
19	阶段标记A	文字	∨		
20	阶段标记B	文字	∨		
21	替代	文字	∨		
22	图幅	文字	∨		
23	版本	文字	∨		
24	备注	文字	∨		
25	名称	文字	∨	大臂壳体	大臂壳体
26	代号	文字	∨	*Robot03-01	*Robot03-01
27	共x张	文字	∨	1	1
28	第x张	文字	∨	1	1
29	<键入新属性>		∨		

图 5-70　完善标题栏信息

图 5-71　自动生成标题栏

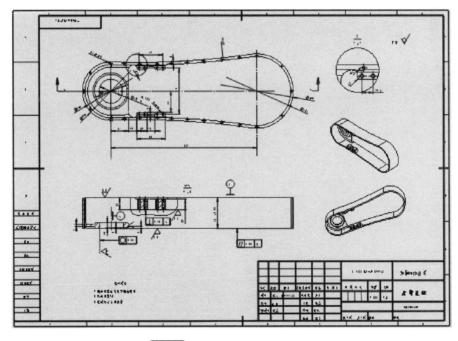

图 5-72　完整的大臂壳体工程图

5.3.3　小结

在 SolidWorks 软件中生成工程图图纸，是将零件模型插入到工程图文件中，通过投影生成工程图上的线条，一般不需要手工绘制，但这并不是说绘制工程图完全由软件自动完成，设计者要根据实际情况适当地进行手工调整。

在工程图中添加尺寸时，通常尺寸由模型项目尺寸导入，但对于在建模时尺寸标注不规范或相对较复杂的零件，自动生成的尺寸后期整理工作量也比较大，而且在标注时离不开设计人员的实际工作经验。对于添加的"智能尺寸"，要注意它是参考尺寸，不能通过改变参考尺寸来改变模型。

本节还介绍了标注尺寸公差、几何公差、表面粗糙度及技术要求文本，这些在图中标注并不难，关键在于如何合理设计其精度，这需要实际工作经验的积累。

Chapter 6

第 6 章

工业机器人零部件运动仿真

在 SolidWorks 2021 软件中完成了机器人的虚拟装配后，用户可以让机器人运动起来，真实地模拟机器人抓取物件或实现焊接等过程。本章主要介绍 SolidWorks 2021 软件中适用于机器人运动和仿真相关的功能。

本章的举例都使用 Bevel Gears. sldasm 文件（齿轮组模型）。

6.1 基座装配体模拟检查

本节学习要点：
◇ 了解干涉检查、碰撞检查、物理学动力模拟的功用。
◇ 掌握齿轮组装配体干涉检查过程。
◇ 掌握齿轮组装配体碰撞检查过程。
◇ 掌握齿轮组装配体物理学动力模拟过程。

课前导读

在 SolidWorks 2021 软件中，用户打开了装配体模型，即可使用装配体中的干涉检查、碰撞检查、物理学动力模拟功能。用户可以使用"干涉检查"功能检查整个装配体或部分零件之间的静态干涉检查，也可以使用"移动零部件"或"旋转零部件"来实现零件在运动过程中的碰撞检查。本任务以基座装配体中电机输出轴及传动轴上齿轮传动机构为分析对象。

6.1.1 干涉检查

步骤1 打开 Bevel Gears. sldasm 文件（齿轮组模型），如图 6-1 所示。

图 6-1 打开文件

步骤 2 单击菜单栏中的"干涉检查",或在菜单栏上依次点击"工具"→"评估"→"干涉检查",如图 6-2 所示。

图 6-2 "干涉检查"操作（1）

步骤 3 确保装配体文件被选中,单击"计算"按钮即可计算出装配体中干涉的零部件,以及干涉的位置、干涉的体积等,如图 6-3 所示。

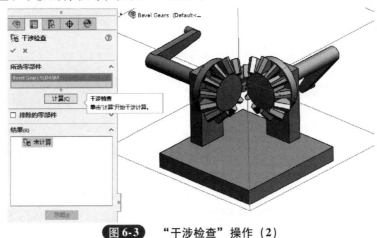

图 6-3 "干涉检查"操作（2）

注意:SolidWorks 将干涉的零件进行透明化处理,并将未干涉的零件进行线框化处理,干涉的位置已经高亮显示,如图 6-4 所示。

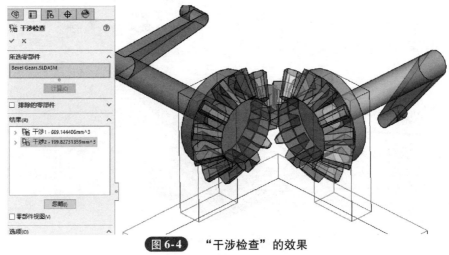

图 6-4 "干涉检查"的效果

6.1.2　碰撞检查

与之前提到的静态干涉检查不同，碰撞检查可以模拟零件在运动过程中产生的碰撞。碰撞发生以后，零件停止运动，并且碰撞面会高亮显示，SolidWorks 软件也会发出提示音。和干涉检查一样，碰撞检查也可以选择计算部分零件之间的碰撞或者整个装配体的碰撞，值得注意的是，针对整个装配体的碰撞检查计算可能会耗费比较多的时间和硬件资源。

本节继续使用 Bevel Gears. sldasm 文件（齿轮组模型），用户可以使用左键单击齿轮的端面。按住左键不放，上下移动鼠标，即可拖动齿轮模型旋转，将齿轮旋转至不干涉的位置。

步骤 4　单击菜单栏中的"移动零部件"或"旋转零部件"，如图 6-5 所示。

图 6-5　移动零部件或旋转零部件

步骤 5　在"移动零部件"中，选项"碰撞检查"，注意勾上选项"碰撞时停止"，如图 6-6 所示。

步骤 6　拖动齿轮的手柄，用户可以发现，齿轮仅仅能在小范围内运动，在遭遇碰撞后，齿轮的运动将停止。在产生碰撞的位置，齿轮的面会高亮显示，如图 6-7 所示。在碰撞发生时，SolidWorks 软件会发出报警的声音。

图 6-6　"碰撞检查"操作（1）

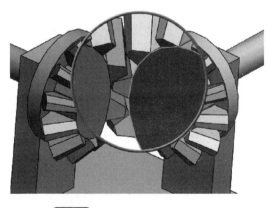

图 6-7　"碰撞检查"操作（2）

6.1.3 物理学动力模拟

用户应该能发现,在齿轮组模型中,左右齿轮都可以自由旋转。但是在碰撞检查中,齿轮在运动过程中一旦发生碰撞,即便配对的齿轮没有阻碍运动的配合存在,齿轮的运动也将停止,这和现实情况明显不一致。如果要旋转其中一个齿轮,配对的尺寸也会随着运动。在不添加额外齿轮配合的情况下,使用物理学动力可以模拟此运动过程。

步骤7 在"移动零部件"中,将之前的选项"碰撞检查"改为"物理动力学",将敏感度调至中间位置,如图6-8所示。

步骤8 拖动齿轮,使齿轮旋转,与其配对的齿轮可以随着拖动的齿轮一并旋转,如图6-9所示。

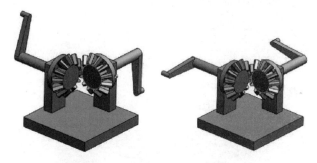

图6-8 "物理动力学"模拟操作(1)　　图6-9 "物理动力学"模拟操作(2)

> **小提示:** 在SolidWorks软件中,物理动力学是碰撞检查中的一个选项,物理动力学模拟能更精确地模拟装配体零部件的移动。当启用物理动力学且拖动一个零部件时,此零部件就会向其接触的零部件施加一个碰撞,其碰撞的结果为该零件会在所允许的范围内移动或旋转。

移动灵敏度滑杆可更改物理动力学检查碰撞所使用的灵敏度,即将滑杆移到右边可以增加灵敏度。当设定到最高灵敏度时,软件每0.02mm(以模型单位)就检查一次碰撞。当设定到最低灵敏度时,检查间歇为20mm。

最高敏感度仅用于很小的零部件的碰撞,或用于在碰撞区域中具有复杂几何体的零部件。当用户检查大型零部件之间的碰撞时,如使用最高灵敏度,计算机运算可能非常缓慢。

6.2 齿轮传动机构运动模拟

本节学习要点：
◇ 了解运动模拟的功用。
◇ 掌握齿轮组装配体运动的模拟过程。
◇ 掌握齿轮组装配体运动动画生成。

利用 SolidWorks 软件进行物理动力学模拟，可以让力在装配体零件之间进行传递，但是需要用户手动拖拽零件才能实现，实际上使用 SolidWorks 软件的运动算例功能可以轻松地实现装配体的运动模拟动画。

步骤1 单击 SolidWorks 软件界面底侧的运动算例1，将运动算例设定为"基本运动"，如图6-10所示。

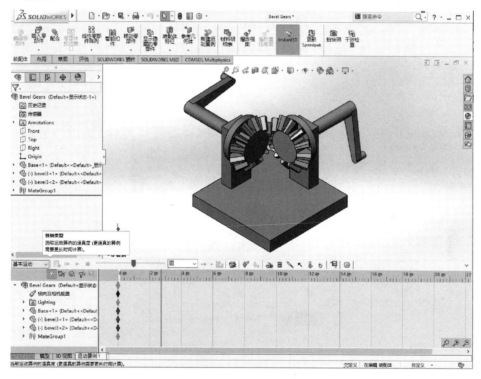

图6-10 运动算例的设定

步骤2 单击"接触"，进入接触设定，并选择两个齿轮为接触，如图6-11所示。然后单击"确定"按钮。

接触生成后，模拟运动的特征树上会出现接触特征，如图6-12所示。

步骤3 单击特征"马达"，类型为"旋转马达"，零部件方向"左齿轮的轴面"（图中高亮显示），运动"等速""100RPM"，如图6-13所示。

单击"确定"按钮，完成"马达"的设定。

步骤4 单击"计算"，齿轮组开始运动模拟，左齿轮将带动右齿轮进行旋转，如图6-14所示。

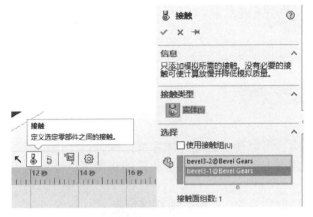

图 6-11　接触设定

图 6-12　模拟运动的接触特征

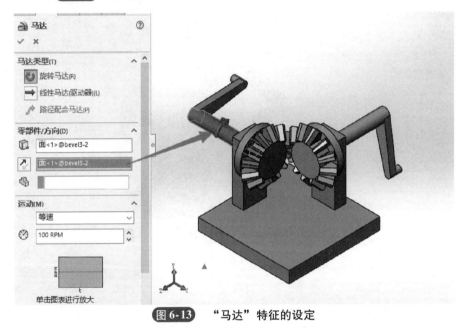

图 6-13　"马达"特征的设定

图 6-14　运动模拟

步骤5　计算完毕后，用户可以单击"播放"按钮，即可在SolidWorks软件中播放齿轮组旋转的动画。也可以单击"保存动画"，将动画保存为".avi"格式的动画文件，如图6-15所示。

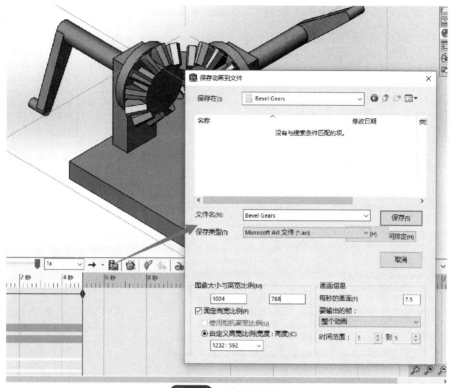

图6-15　动画的保存

6.3　典型机构运动算例

本节学习要点：
◇ 了解运动算例的类型和功用。
◇ 掌握"物料输送机构"的动画模拟过程。
◇ 掌握"物料筛选机构"的动画模拟过程。

运动仿真是利用计算机模拟机构运动的运动学状态和动力学状态。任何系统的运动均由下列要素决定：连接构建的配合、部件的质量和惯性属性、对系统添加力（动力学）、驱动运动（"马达"）、时间。

使用SolidWorks运动算例，可以使装配体按配合约束进行模拟运动。SolidWorks中包含三种不同类型的运动算例，分别是动画、基本运动和Motion分析。这三种运动算例区别如下：

① 动画：用途最广泛的运动模拟，可以使用"马达"来驱动零件的运动，也可以使用配合尺寸来驱动零件位置的变化。使用关键帧在不同时间定义装配体零件的位置或配合尺寸的数值，动画使用插值来定义关键帧之间的零部件运动。

② 基本运动：可以在装配体运动过程中加入更多的模拟元素，比如弹簧、接触、引力等，基本运动的模拟过程中，SolidWorks也会将质量考虑到运动过程中。

③ Motion分析：Motion分析能在装配体上精确地模拟和分析零部件运动的过程，在运动

分析的过程中可以考虑作用力、弹簧、阻尼、摩擦等。Moiton 分析使用专门的动力学求解器来进行分析，在计算的过程中需考虑材料属性和质量、惯性等。在 Motion 分析后，还可以对结果进行后处理，求解运动的轨迹等。注意：Motion 分析需要启动相关插件。

在插件管理器中启动 SolidWorks 软件的 Motion 插件，如图 6-16 所示。

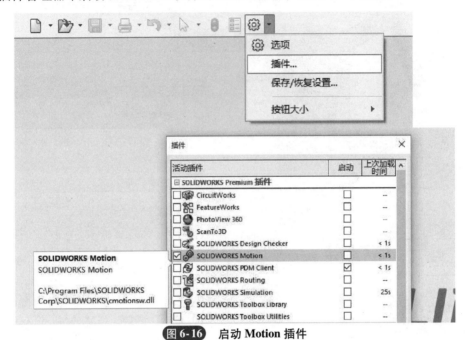

图 6-16 启动 Motion 插件

6.3.1 "物料输送机构"动画模拟的运动算例

在 SolidWorks 软件中完成物料输送机构的动画模拟。该机构通过两个气缸分别完成吸盘零件的左右平移和上下运动，如图 6-17 所示。

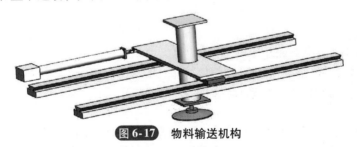

图 6-17 物料输送机构

步骤 1 打开模型"物料输送机构.sldasm"文件，在左底侧"动画"标签上单击右键，在弹出的对话框中选择"生成新运动算例（C）"，如图 6-18 所示。

步骤 2 将鼠标移至红色矩形框（"0 秒"）位置，等待鼠标指针变为双箭头符号，如图 6-19 所示。

步骤 3 按住鼠标左键不放，将黑色竖线拖动至"2 秒"位置，如图 6-20 所示。

在 SolidWorks 运动算例中，这条竖线称为"时间线"，当时间线被拖动到"2 秒"位置，代表下一个需要执行动作的运动时间为 2s。

确定"自动键码"按钮已经被选中，为防止用户在初学阶段混淆软件功能，建议打开"自动键码"。

步骤 4 在高亮的移动台零件上单击右键，选择"以三重轴移动"，如图 6-21 所示。

图 6-18　选择"生成新运动算例（C）"

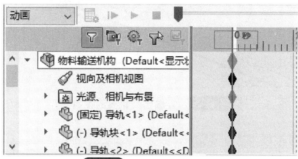

图 6-19　初始位置的设定

图 6-20　时间线的拖动

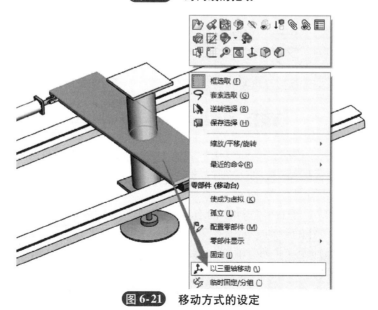

图 6-21　移动方式的设定

步骤5 拖动 Z 轴,按图示方向拖动约 300mm,如图 6-22 所示。然后单击"确定"按钮。此时更改栏会发生如下变化:物料输送机构装配体右侧会显示两个黑色菱形图案,并且黑色菱形图案中间由黑色细线进行连接,如图 6-23 所示。

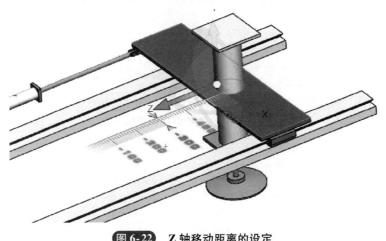

图 6-22 Z 轴移动距离的设定

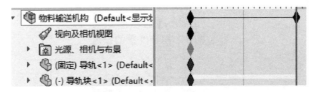

图 6-23 更改栏的变化情况

移动台零件右侧会显示两个蓝色菱形图案,并且蓝色菱形图案中间由粗线进行连接,如图 6-24 所示。顶层装配体右侧的黑色菱形和黑色细线代表动画模拟的持续时间。

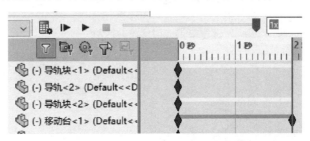

图 6-24 移动台零件右侧的变化情况

在前面的动画模拟中,移动台零件被用户设立了关键帧,所以移动台零件属于"驱动零件",在 SolidWorks 运动管理器中,驱动零件的关键帧之间使用绿色粗线来进行连接。

更改栏中图标的意义如图 6-25 所示。

步骤6 单击"计算",平台零件随之向右开始运动,2s 后运动结束,用户可以单击"播放"按钮重新观察平台零件的运动,如图 6-26 所示。

步骤7 将时间线拖拽至"4 秒"附近,对吸盘零件使用"以三重轴移动",拖动 Y 轴,按图示方向(向下)拖动约 100mm,如图 6-27 所示。

步骤8 单击"计算",SolidWorks 运动管理器会重新计算动画模拟,如图 6-28 所示。

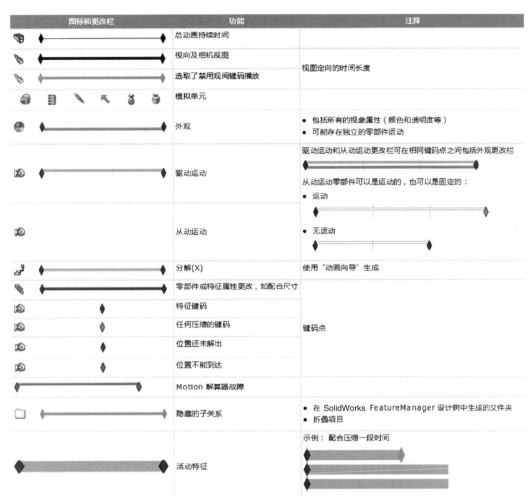

图标和更改栏	功能	注释
	总动画持续时间	
	视向及相机视图	视图定向的时间长度
	选取了禁用观阅键码播放	
	模拟单元	
	外观	• 包括所有的视象属性（颜色和透明度等） • 可能存在独立的零部件运动
	驱动运动	驱动运动和从动运动更改栏可在相同键码点之间包括外观更改栏 从动运动零部件可以是运动的，也可以是固定的： • 运动
	从动运动	• 无运动
	分解(X)	使用"动画向导"生成
	零部件或特征属性更改，如配合尺寸	
	特征键码	
	任何压缩的键码	键码点
	位置还未解出	
	位置不能到达	
	Motion 解算器故障	
	隐藏的子关系	• 在 SolidWorks FeatureManager 设计树中生成的文件夹 • 折叠项目
	活动特征	示例：配合压缩一段时间

图 6-25 更改栏中图标的意义

图 6-26 平台零件运动的演示

步骤 9 将时间线拖拽至"6 秒"位置，使用"以三重轴移动"命令，拖动 Y 轴，使吸盘向上移动 100mm。

步骤 10 将时间线拖拽至"8 秒"位置，使用"以三重轴移动"命令，拖动 Z 轴，让吸盘零件沿图示方向移动约 200mm，如图 6-29 所示。

图 6-27 吸盘零件动画模拟设置

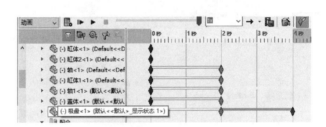

图 6-28 动画模拟的计算

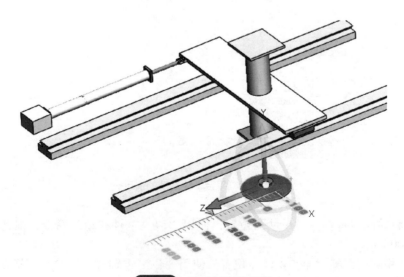

图 6-29 移动距离的设置

该动画的运动过程如下：移动台从零秒开始向右移动，到第二秒结束运动；吸盘零件从第二秒开始移动，到第四秒结束运动；吸盘零件从第四秒开始向相反方向移动，到第六秒结束运动；移动台零件从第六秒开始向左运动，到第八秒回到初始位置。

在本例中，由于移动台零件和吸盘零件之间存在约束关系，所以在使用三重轴移动方式时，选择吸盘零件移动也会带动移动台零件的运动。当"自动键码"功能被选中时，采用拖拽零件三重轴的方法来移动零件生成动画，操作很简单，但是在进行复杂的动画时不太方便。大部分情况下，"自动键码"功能需要被禁用，也不会采用拖拽零件三重轴的方法来进行动画模拟，一般采用配合的方法来实现动画。

步骤 11　单击底侧"模型"，退出运动算例，如图 6-30 所示。此时物料输送装配体回到初始位置，可以进入装配体编辑的状态。

图 6-30　退出运动算例

步骤 12　给移动台零件和缸体零件相对应的面添加距离的配合，配合尺寸为 100.00mm，如图 6-31 所示。然后单击"确认"按钮。

步骤 13　在左侧配合管理器中双击配合名称，配合名称改为"竖直距离"，如图 6-32 所示。

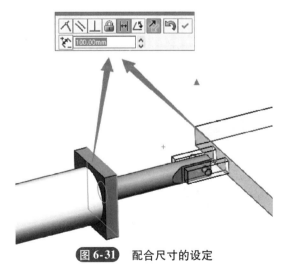

图 6-31　配合尺寸的设定

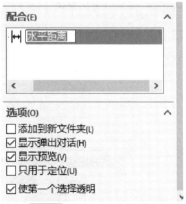

图 6-32　配合名称的变更

配合改名不是必须的，但是改名后的配合可以在动画模拟的编辑中更加方便。

步骤 14　在左底侧标签"运动算例 1"上右击，选择"生成新运动算例"，SolidWorks 将会生成一个新的运动算例，并自动命名为"运动算例 2"。

步骤 15 将左侧的滑杆拉到最下端，刚才添加的配合在最下面（红线框内），如图 6-33 所示。在默认情况下，"自动键码"处于被选中的状态，单击"自动键码"，确保该按钮没有被选中。

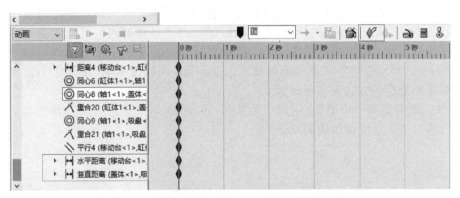

图 6-33　配合添加后的查找

步骤 16 将时间线拖拽至"2 秒"位置，右键单击"水平距离"配合，选中"编辑尺寸"，如图 6-34 所示。

步骤 17 将配合尺寸编辑为 300.00mm，如图 6-35 所示。然后单击"确定"按钮。

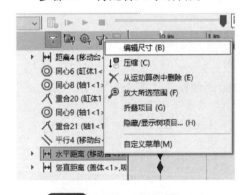

图 6-34　配合尺寸的编辑（1）

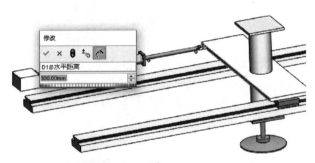

图 6-35　配合尺寸的编辑（2）

步骤 18 将时间线拖拽至"4 秒"位置，右键单击"竖直距离"配合，选中"编辑尺寸"，修改尺寸为 200.00mm，如图 6-36 所示。然后单击"确定"按钮。

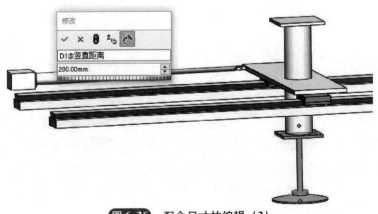

图 6-36　配合尺寸的编辑（3）

步骤 19　单击"计算"，物料输送机构开始按照制作的关键帧进行动画模拟。

可以看到，该动画与之前的动画有了比较大的改变，吸盘从零秒开始向下移动，到第四秒结束，如图 6-37 所示。

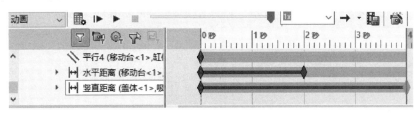

图 6-37　两次动画的差别

从图 6-37 可以得知，竖直距离配合的关键帧实际上是从零秒开始，过渡到第四秒，这样导致了吸盘零件从零秒开始运动，到第四秒结束运动。

步骤 20　拖动竖直距离的初始关键帧至"2 秒"位置，单击"计算"，如图 6-38 所示。此时吸盘零件从第二秒开始运动，到第四秒结束运动。

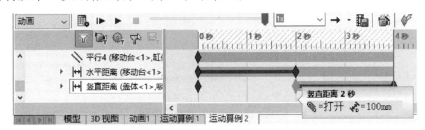

图 6-38　竖直距离的调整（1）

步骤 21　选中"竖直距离"配合，在"2 秒"的关键帧，按住 Ctrl，将该关键帧拖拽至"6 秒"，如图 6-39 所示。

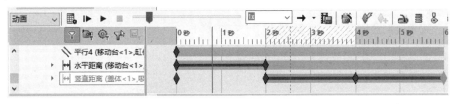

图 6-39　竖直距离的调整（2）

单击"计算"，此时，吸盘零件在第二秒至第六秒之间实现往返运动。

在更改栏的任意位置单击鼠标左键，确保没有任何关键帧被选中。

步骤 22　选中"水平距离"配合，在"2 秒"的关键帧按住 Ctrl，将该关键帧拖拽至第"6 秒"，如图 6-40 所示。由于水平距离配合第二秒的关键帧被复制到了第六秒，这两个关键帧完全一样，所以关键帧之间没有粗线连接。

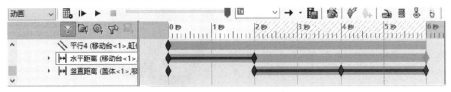

图 6-40　水平距离的调整

在更改栏的任意位置单击鼠标左键，确保没有任何关键帧被选中。

图 6-40 中，水平距离配合在第六秒的关键帧处于高亮状态，此时该关键帧处于被选中的状态，由于下一步操作需要复制别的关键帧，如果此时有其他关键帧处于被选中的状态，则该关键帧会被一并复制，如图 6-41 所示。红线矩形框内的关键帧是被误选中的多余关键帧，也一并被复制。

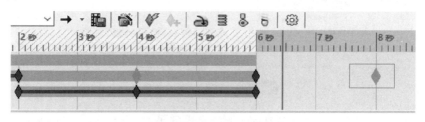

图 6-41 关键帧的复制

步骤 23 选中"水平距离"的初始关键帧，按住 Ctrl，将该关键帧拖至"8 秒"，完成后的更改栏如图 6-42 所示。

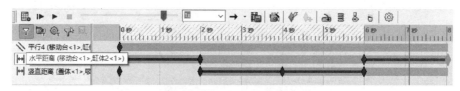

图 6-42 初始关键帧的移动

步骤 24 单击"计算"，SolidWorks 运动管理器将会从头开始模拟动画的计算。

可以看出，如果使用配合尺寸的关键帧来驱动装配体运动，整个动画能够更加精确；而且关键帧可以灵活地被拖拽，调整运动的时间；也可以非常方便地实现关键帧的复制，使动画的制作过程事半功倍。

6.3.2 "物料筛选机构"动画模拟的运动算例

在 SolidWorks 软件中完成物料筛选的动画模拟，该机构中不同直径的小球（模拟物料）在重力作用下，按大小差别落在不同的盒子中，如图 6-43 所示。

步骤 1 打开模型"物料筛选机构 . sldasm"文件，新建一个运动算例，将该算例类型改为"基本运动"，如图 6-44 所示。

步骤 2 单击"接触"，选中所有零件，如图 6-45 所示。

步骤 3 单击"引力"，引力参数"Y 方向"，如图 6-46 所示。

步骤 4 单击"计算"，注意之前设定接触时，基本运动的模拟时间系统已经自动设立为默认值"5 秒"，如图 6-47 所示。用户可以自行拖动时间关键帧来调整模拟时间。

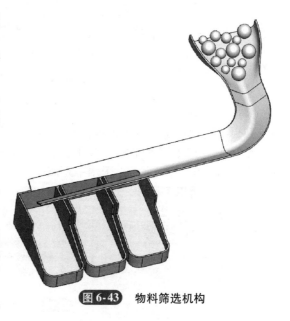

图 6-43 物料筛选机构

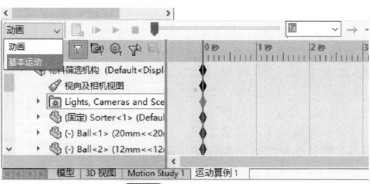

图 6-44　新建运动算例

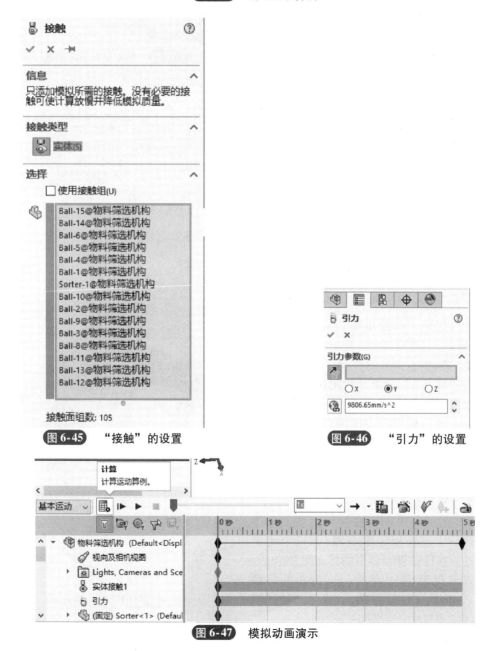

图 6-45　"接触"的设置

图 6-46　"引力"的设置

图 6-47　模拟动画演示

可以看到，大概在第四秒时，所有物料已经被筛选完毕，如图 6-48 所示。

步骤 5 为了更好地观察物料被筛选的过程，用户可将播放模式设定为往复，如图 6-49 所示。

步骤 6 单击"计算"，用户可以清晰地观察到小球和大球是如何落入不同的盒子里的，也可以观察到大球和小球之间的碰撞是如何产生的。

在基本运动模拟中，用户也可以将动力部件、重力、零部件接触等条件加入模拟之中得到更真实的效果。

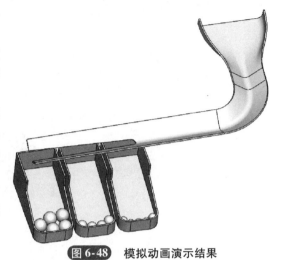

图 6-48　模拟动画演示结果

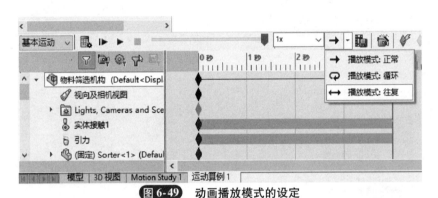

图 6-49　动画播放模式的设定

6.3.3　"凸轮机构"运动仿真的运动算例

步骤 1 打开"凸轮机构.sldasm"文件，如图 6-50 所示。

步骤 2 新建一个运动算例，注意将算例类型调整为"Motion"分析，如图 6-51 所示。

步骤 3 快捷设定仿真时间，方法如图 6-52所示，在凸轮机构右侧的时间帧上单击右键，选择编辑关键点时间，设定为 0.1s。由于该凸轮运动的周期非常短暂，设定为 0.1s 内该凸轮旋转一圈，所以只需要仿真 0.1s 的时间，以节约计算机硬件资源。

步骤 4 在 SolidWorks 软件界面右下角位置，单击第一个"整屏显示全图"，可以使更改栏中关键帧在运动管理器中的排布更加合适。单击"运动算例属性"，将 Motion 分析的每秒帧数改为"1000"（默认为 25），确保"使用精确接触"选项被选中，如图 6-53 所示。

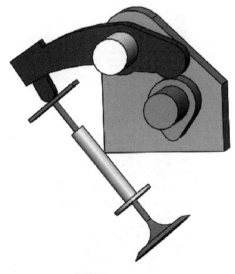

图 6-50　打开文件

图 6-51　新建运动算例

图 6-52　快捷设定仿真时间的方法

前面提到，仿真计算范围为 0~0.1s，此处设定每秒计算 1000 帧，则该次仿真总共计算 100 帧，用户可以理解为此次分析的"分辨率"为 100 帧，该值不影响播放速度。

步骤 5　单击"接触"，接触类型为"实体"，选择"凸轮机构零件 Rocker – 1 和 Camshaft – 1"，如图 6-54 所示。

步骤 6　单击"接触"，接触类型为"实体"，选择凸轮机构零件"rocker – 1"和"valve – 1"，如图 6-55 所示。

步骤 7　单击"马达"，设定零件 Camshaft – 1，运动"等速"，速度"1200RPM"，如图 6-56 所示。其中，"RPM"为转速的单位，即 Round Per Minute（r/min）。

本节中仿真的时间长度为 0.1s，则该凸轮将旋转 2 圈。

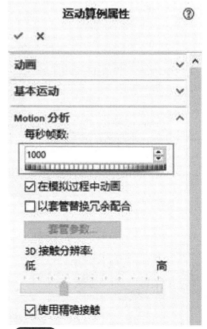

图 6-53　"运动算例属性"的设置

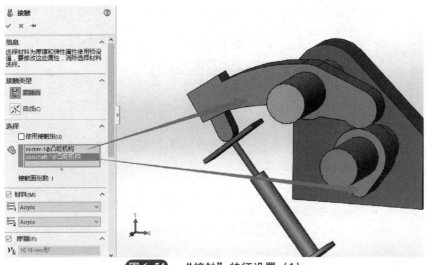

图 6-54 "接触"特征设置（1）

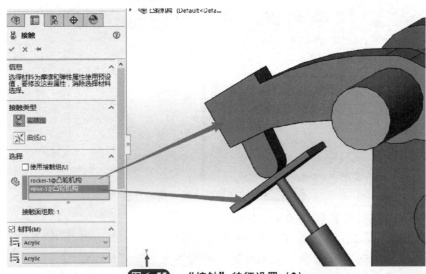

图 6-55 "接触"特征设置（2）

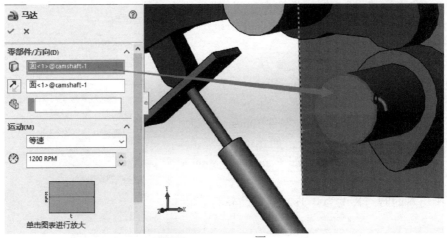

图 6-56 "马达"特征设置

步骤8　单击"弹簧"，弹簧参数 valve_guide－1 零件的圆形边线和 valve－1 零件的矩形面（高亮显示），常数 k 为"0.10 牛顿/mm"，初始长度为"60.00mm"，如图 6-57 所示。

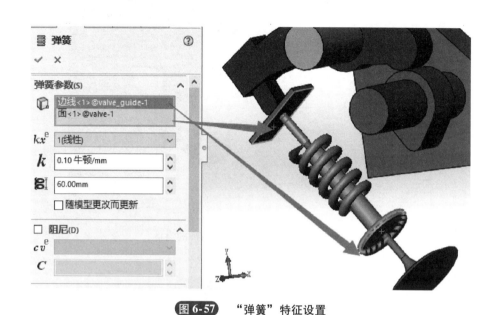

图 6-57　"弹簧"特征设置

步骤9　单击"计算"，在弹出的窗口中单击"是"按钮，如图 6-58 所示。

图 6-58　模拟动画演示

可以看到，虽然模拟时间为 0.1s，但是播放仿真的实际时间为 5s。凸轮旋转 2 圈后，仿真结束。

与动画和基本运动不同的是，Motion 分析可以考虑力和力矩的传递，还有零部件的质量和惯性。在仿真计算完毕后，用户也可以很方便地查看运动的零部件中某个模型点的运动轨迹。

步骤10　单击"结果和图解"，结果类别"位移/速度/加速度"，选择子类别"跟踪路径"，图解结果"生成新图解"，再选择 rocker－1 零件的任意顶点，如图 6-59 所示。

步骤11　单击"确定"按钮，系统将自动求解出该顶点在模型运动过程中的轨迹，该图

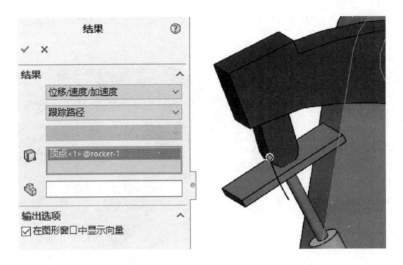

图 6-59   "结果和图解"特征的设置

解会自动命名为"图解1"＜运动轨迹＞。

在 SolidWorks Motion 软件中，可以非常方便地获知运动模型某处的轨迹，也可以非常方便地查看该处的运动速度、加速度等数据。

步骤12   单击"结果和图解"，为零件 valve – 1 中高亮面生成三个图解，如图 6-60 所示。

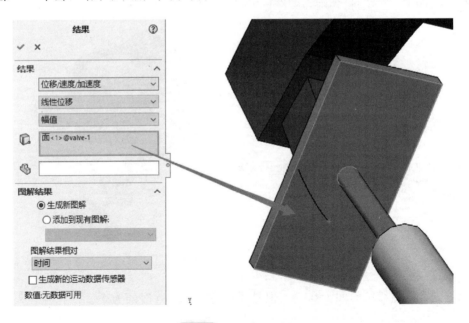

图 6-60   图解的生成

三个图解分别设定为：

① 位移图解，设定结果类型为"位移/速度/加速度"，选择子类别为"线性位移"和"幅值"，如图 6-61a 所示。

② 速度图解，设定结果类型为"位移/速度/加速度"，选择子类别为"线性速度"和

"幅值",如图 6-61b 所示。

③ 加速度图解,设定结果类型为"位移/速度/加速度",选择子类别为"线性加速度"和"幅值",如图 6-61c 所示。

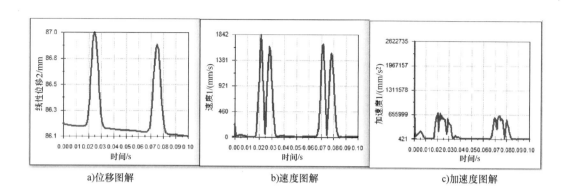

a)位移图解   b)速度图解   c)加速度图解

图 6-61 图解设置

仔细观察,位移图解中位移值波峰是速度图解的波谷,对应着 valve-1 零件运动到极限值后开始向相反方向运动,所以该点的速度值为零,与此同时,加速度为最大值。

位移对时间的一阶导数,就是位移随时间的变化率,其物理意义就是速度。

位移对时间的二阶导数,就是位移随时间变化率随时间的变化率,也就是速度随时间的变化率,其物理意义就是加速度。加速度是由作用在物体上的外力和物体的质量决定的。

步骤 13 在"结果和图解"中,结果类型为"力",子类别为"马达力矩""幅值",再选择"旋转马达 1",如图 6-62 所示。

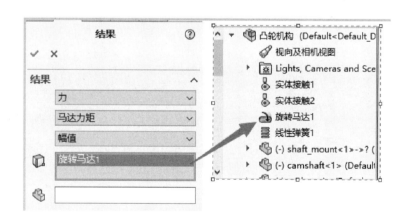

图 6-62 "结果"特征的设置

用户从生成的图解中可以获知驱动该运动的"旋转马达"所需要的力矩,如图 6-63 所示。

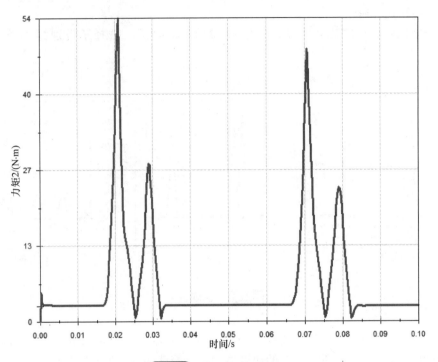

图 6-63　力矩－时间曲线